女性安全防范手册

王　哲　王树民　编

群众出版社
·北京·

图书在版编目（CIP）数据

女性安全防范手册/王哲，王树民编．—北京：群众出版社，2013.4
ISBN 978 - 7 - 5014 - 5111 - 1

Ⅰ．①女… Ⅱ．①王…②王… Ⅲ．①女性—安全教育—手册
Ⅳ．①X956 - 62

中国版本图书馆 CIP 数据核字（2013）第 056967 号

女性安全防范手册
王 哲 王树民 编

出版发行：群众出版社
地 址：北京市西城区木樨地南里
邮政编码：100038
经 销：新华书店
印 刷：北京泰锐印刷有限责任公司

版 次：2013 年 4 月第 1 版
印 次：2013 年 4 月第 1 次
印 张：9.75
开 本：787 毫米×1092 毫米 1/16
字 数：133 千字

书 号：ISBN 978 - 7 - 5014 - 5111 - 1
定 价：23.00 元

网 址：www.qzcbs.com
电子邮箱：qzcbs@ sohu.com

营销中心电话：010 - 83903254
读者服务部电话（门市）：010 - 83903257
警官读者俱乐部电话（网购、邮购）：010 - 83903253
公安业务分社电话：010 - 83905671

前　言

　　现代社会，女性在社会生产和生活中发挥着巨大的作用。但是，女性在生理和情感上相对比较脆弱，特别是有些人对于违法犯罪侵害的防范和抵御能力不足，给犯罪分子留下了可乘之机。当前，针对女性的违法犯罪日益猖獗，保护其人身财产安全刻不容缓，公安机关负有义不容辞的责任，而唤起女性的自我防范意识，教会其防范和抵御违法犯罪侵害的基本常识，使其具有保护自我的基本能力则具有更加直接、有效的意义。本书正是基于此，通过翔实的案例分析、应对指导等内容，希望能够起到对女性读者自我保护的指导作用。

　　在形式上，本书以问答的方式就性骚扰、性侵害、抢劫、诈骗、自杀等十类当前较突出的女性可能遭遇的潜在威胁进行讲述；通过"警官举案"、"警官析案"、"警官支招"，站在警察的角度，深入浅出，教读者如何防范侵害；通过一个个案例使读者能够识破犯罪分子的种种伎俩，唤起读者的自我保护意识。本书的特点在于实用性，虽然市面上有部分类似的出版物，但是本书以生动的案例进行演绎，让读者感受到这就是身边的事，用问答的形式与读者进行交流，以最简单的方式教会读者最实用的道理，并以此解决实际问题。

　　在本书的编写过程中，童佳佳、王帅、孙强伟、王西坤做了很多工作，可以说本书得以出版，是集体创作的结果。希望编者们的付出，能为女性朋友的安全提供参考和帮助。

目 录
Contents

一、女性如何防范性骚扰？

性骚扰已经成为一个不容忽视的问题，也是亟须解决的一个社会问题。广大女性面对性骚扰不能再沉默，必须采取措施保护自己。下面我们就为各位女性朋友解读性骚扰，教会大家如何拒绝性骚扰，保护自己的合法权益。

（一）女性遭受性骚扰问题有何规律？

（二）采取何种措施防范性骚扰？

（三）遭遇性骚扰时应如何应对？

（四）针对"咸猪手"有何法律、法规能够保障权益？

（一）女性遭受性骚扰问题有何规律?

1. 性骚扰行为的分类

（1）按照发生地点划分。性骚扰行为可分为：一是公共场所的性骚扰，主要包括公交车、地铁、商店、电梯等，这些地方遭遇的性骚扰主要来自陌生人；二是工作场所的性骚扰，发生在这些地方的性骚扰主要来自同事、上司或者是服务行业中的个别顾客；三是私人场所，包括朋友、同学聚会时遭遇朋友、同学或者其他熟人的性骚扰；四是互联网，主要针对的是网友的言语、图片或者视频骚扰。

女性遭遇性骚扰很大程度上与当时所处的环境、场合有关，有些环境、场合客观上为心怀不轨的人提供了条件，处于这种条件下的女性很容易成为性骚扰对象。从实际情况来看，上述几种环境、场合中的女性最容易受到性骚扰。

拥挤的公共场所

公共场所指的是公众聚集的场所，如商店、公交车、地铁、饭店等人多的场合。事实证明，人越多的地方，往往色狼越多，他们的可乘之机也越多，女性也越容易遭遇性骚扰。以公交车为例，上下班高峰时间，大家根本就不是坐公交车而是挤公交车，车里人挤人，别说坐了，连站的地方都不富余，许多人都前心贴后背的，而车下人们还在不停地往车上挤。在这样狭小拥挤的空间里，男女之间肌肤的零距离接触，会使一些心术不正的人想入非非，他们也以此为借口，装作被迫无辜的样子，在你身前背后蹭来摸去。

这类色狼的惯用伎俩有挤、摸、顶。所谓挤，就是性骚扰者利用车辆的晃动，造成一些故意的、不必要的身体接触。所谓摸，就是性骚扰者不满足于一般的身体接触，伸出"咸猪手"，对女性实施骚扰。所谓顶，就是性骚扰者利用车里人多拥挤而且下身动作不易被察觉的特点，用下身对女性进行顶撞、摩擦。

【警官举案】

2011年6月某天下班后，小周跟往常一样在公交车站等车回家。刚上车，小周就感觉到了异样。"有个男的大约40岁，从上车的时候就开始挤我，上车后他又站在我旁边。但是车厢比较晃动，他也跟着晃动，拉着扶手的胳膊几次触到了我的胸部。我起初以为只是无意碰撞，就把身子侧到一边。那个男人居然从后面贴过来，用下体摩擦我的臀部。我比较胆小，觉得喊出来太丢人了，就匆忙下车了。"

相对封闭的工作场所

在工作场所遭遇的性骚扰主要来自上司，他们或假装关心或假装赏识，轻轻地拍拍你的肩膀，或者开玩笑似的在没人的走廊、电梯里拍拍你的屁股，或者总是以工作为名要求与你单独外出，或者总是发些超出工作关系的暧昧短信。对于公共场合的性骚扰，由于具有流动性，一般情况下不具有持续性，如在公交车上，你可以移动位置或者提前下车。但是工作场合遇到上司性骚扰，由于他手中掌握的权力，你在反抗时首先要考虑到自己的饭碗。所以，这种情况下，他们会更加肆无忌惮，而且具有持续性。

【警官举案】

小丁是刚毕业的女大学生，毕业后顺利进入一家研究所工作，良好的工作环境、颇丰的工资收入，使她成为同学们美慕的对象，但是小丁却有自己的难言之隐。"我们所长是一个四十多岁的中年男人，在别人眼里，他非常有能力而且为人正派，但是我知道在他道貌岸然的面具下面有一张丑陋的面孔。

他经常在下班后将我堵在办公室，强行搂我、亲我，每次我都拼命反抗，后来每到下班，我就跟同事一块儿早早地离开单位。但是他没有停止对我的骚扰，总是找机会跟我独处。我现在上班提心吊胆的，这种情况持续好几个月了。我又没有勇气辞职，毕竟在现在的就业形势下，这样的工作很难再找到，现在真的好迷茫。"

【警官析案】

像小丁这样遇到色狼上司的女性不在少数。迫于舆论压力、生存压力，不少女性选择了沉默，小丁就是一个典型的例子。警官提示各位女性，遇到这种事情要勇敢地站出来，与色狼斗智斗勇，收集证据，向上级、纪检部门或者公安机关反映，维护自身权益并让色狼付出代价。

在一些个体私营企业，企业主把打工妹当作工具使用，不但要求她们拼命干活，有时甚至对她们提出性要求。他们以对打工妹实行性侮辱作为惩罚，严重损害了打工妹的人身权益。

【警官举案】

小王是某酒店的服务员，最近被同事性骚扰搞得焦头烂额。她说："那人是我们的经理，我一开始来这里工作的时候他对我很照顾，可是最近他却很反常，经常在工作的时候有意无意地摸我的手、大腿，晚上还给我发很暧昧的短信。我一直都忍着，不知道该怎么办。有一次我跟他单独在房间里时，他居然趁机抱着我，手在我身上乱摸。我用力挣扎、大喊，他才住手。我给了他两巴掌，哭着跑回了宿舍。从那以后，他就经常找我麻烦，不是说我工作没做好，就是额外给我派活。现在我只想辞职，早点离开这里。"

【警官析案】

本案中，该经理的行为违反了《中华人民共和国治安管理处罚法》的有关规定。该法第四十三条规定：殴打他人的，或者故意伤害他人身体的，处五日以上十日以下拘留，并处二百元以上五百元以下罚款；情节较轻的，处五日以下拘留或者五百元以下罚款。第四十四条规定：猥亵他人的，或者在公共场所故意裸露身体，情节恶劣的，处五日以上十日以下拘留；猥亵智力残疾人、精神病人、不满十四周岁的人或者有其他严重情节的，处十日以上十五日以下拘留。上述行为情节严重的可能触犯刑法，构成强制猥亵、侮辱妇女罪。不少打工妹由于缺乏法律常识，没有反抗的勇气，缺乏保护自己的意识，面对这样的情况只能忍气吞声，任人宰割。警官提示各位，遇到这种情况，要敢于反抗，保留证据，及时报警，给施暴者以惩罚。

私人场所，如招待客户的酒桌上

在这种场合，一般是以男性为主，酒桌上"黄段子"盛行，即使在座的有女性，往往也不会使他们有所收敛，反而可能会更加激发他们的表现欲、挑逗欲。一些人认为，能说"黄段子"，说明自己幽默、风趣、口才好，所以很引以为傲。但是如果有女性在场的话，这些"黄段子"实际上是对她们的骚扰、挑逗甚至侮辱。更加过分的是，一些客户代表依仗自己手中的权势，在酒桌上对陪酒的女性动手动脚、纠缠不休，大占便宜，而被骚扰的女性由于不敢得罪，也只得忍气吞声。

【警官举案】

小赵是某公司的秘书。一次公司宴请合作单位负责人，小赵陪同参加。酒过三巡，被请单位负责人开始心血来潮，"黄段子"一个接一个，低俗不堪。酒店的女服务员听得都面红耳赤不时借故离开。小赵是桌上唯一的女性，

但因为工作关系又不得离开，只好尴尬地坐在一群男人中间强忍着，好不容易才熬到结束。自那以后，再有宴请活动，小赵总是借故请假，坚决不去。

【警官析案】

一方面，现在"黄段子"已登堂入室，越发盛行，其参与者的"档次"大大提高，举凡当地政府、银行、税务、企业老总和大款大腕等头面人物中，颇有一批热心听众，段子越黄，他们越兴奋，义务传播者也越多，这使得一些不得不在场的女性相当难堪；另一方面，对于这种酒桌上的"黄段子"，目前还没有有效的方法进行规制，而且因为"黄段子"向有关部门投诉或者向法院起诉的情况也很少。所以，女性要想避免这种尴尬，最好还是少出席类似的活动，眼不见心不烦。

互联网

随着互联网的迅速普及，上网人群日益增多，由于现在多数论坛、社区没有实行实名制，因此在网上发表言论大多没有约束，不需要负责，正因为如此，一些道德底线模糊的人，就在网上或追香逐艳，或招蜂引蝶，网络也日益成为性骚扰的重灾区。

【警官举案】

小吕是个年轻的姑娘，喜欢上网，没事的时候喜欢上QQ或者聊天室。她说："网上这种情况遇到的太多了，文明一点的会先试探试探，问问你三围多少、你寂寞吗等，不文明的直接就是污言秽语。有一次，QQ上一个网友邀请我视频，我同意了，点开后发现他脱了裤子正对着摄像头自慰呢。我立马关了，这事恶心了我好久。"

【警官析案】

随着网络的普及，性骚扰问题如幽灵般通过QQ、微信、聊天室、论坛等形式蔓延至整个网络，以一种新的方式困扰着不少女性网民。本案中，骚扰者主要借助QQ等聊天工具对女性进行文字、视频骚扰。杜绝这类骚扰，警官提示各位女性，要谨慎交友，网络是鱼龙混杂之地，要擦亮双眼，洁身自好，莫让自己成为性骚扰者宣泄的对象。在警方接到的报案中还有一类网络性骚扰，即性骚扰者在网络上发布一些或真或假的信息及受害者联系方式，导致受害人被众多莫名其妙的电话所骚扰。应对这类性骚扰，警官提示各位女性，要提高隐私保护意识，不要轻易在网上发布个人资料信息，以免被心术不正之人利用。

【警官举案】

刘女士想租一间房子，于是就在某论坛上贴出了自己寻求租房的信息和联系方式。一开始，给她打电话的人都还比较正常，但是后来就有人讲些污言秽语了。刘女士压住怒火询问之下后，知道对方是从网上看到了一些消息。刘女士登录到曾发布信息的网页，发现自己发布的信息被人改成了"单身寂寞，求租男人……"后经与网站交涉，该帖子被删除，刘女士被性骚扰的事情才告一段落。

【警官析案】

本案中，性骚扰者的行为违反了《中华人民共和国治安管理处罚法》第四十二条相关规定，属于捏造事实侮辱诽谤他人，干扰他人正常生活。按照该法规定，公安机关可以对骚扰者处五日以下拘留或者五百元以下罚款；情节较重的，处五日以上十日以下拘留，可以并处五百元以下罚款。因此，女性上网遇到这种情况，可以选择与网站交涉自行解决，也可以报警，交由公安机关处理。

（2）按照所采取的方式划分。性骚扰行为所采取的方式可划分为：一是口头表达型性骚扰，主要表现为讲黄色笑话，对女性进行言语挑逗，或者总是说一些有关性的话题；二是行动型性骚扰，主要表现为找机会动手动脚，甚至强行拥抱、亲吻、抚摸等；三是文字表达型性骚扰，主要是指通过短信、邮件、QQ 等方式发送的"黄色文字"。

2. 什么样的女性更容易遭受性骚扰？

（1）平日里举止轻浮的女性。在社交场合中，男人是通过女人的行为举止来决定相处交往方式的，面对一个端庄贤淑、落落大方的女性，绝大多数男性都会选择尊重，断不会有邪恶的念头。如果面对一个平日里举止轻佻，站没站样，坐没坐相，东倒西歪，而且衣着艳丽，走路扭臀摆胯的女性，正直本分的人可能不会有什么想法，甚至会产生厌恶感。但是在一些心术不正的人眼里，这样的女人容易上手，他们往往对其产生邪念，并进一步采取更加放肆的举动。

（2）衣着暴露的女性。男人是视觉动物，女性衣着太薄、过紧或者打扮过于妖艳风骚，都可能会对男人产生性刺激，进而遭遇性骚扰。

另外，衣着是一个人的名片。一个人的审美追求、思想境界都会在一定程度上从衣着反映出来。一个正派端庄的女人衣着往往严谨素雅，不喜欢过分暴露；而一个开放虚荣的女人常常衣着时髦、新潮、暴露。有些男性正是通过衣着来判断女性的性格、追求，并采取不同的态度和交往方式。如果女性衣着暴露、妖艳风骚，则可能使心术不正的人认为这样的女人内心空虚、招蜂引蝶。他们有机可乘，进而对其下手。

（3）贪财、物欲强烈、贪图享受的女性。贪财、物欲强烈、贪图享受的女人很容易被人抓住把柄，受人控制，进而受到伤害。一个因玩弄女人而身败名裂的企业家事后坦白时说，最好突破、最易驾驭的就是那些贪财、贪图

享受的女人。在男人看来，贪财的女人难守贞操，他们往往以金钱为诱饵，对女人实行进攻，一旦拿了人家的钱，作为一种交换，这些女性就不得不违心地任人摆布，即使不情愿，由于金钱的诱惑，也只得越陷越深。

（二）采取何种措施防范性骚扰？

针对不同的场合，女性可以采取不同的措施来防范性骚扰。

【警官支招】

在工作场合，防范上司和同事的性骚扰要注意以下几点：

（1）在上班时间，应当着装得当、端庄矜持，尽量避免穿着过于暴露，如袒胸露背或着超短裙之类。作为视觉动物的男人，看着你秀色可餐，即使本来正直的人说不定也会萌发一些歪念头。

（2）牢记职场女性和男上司的关系只有工作关系，以及普通朋友关系，不要有暧昧接触，或者用暧昧的言语沟通。

（3）有些男上司会以各种名义主动邀请女下属吃饭，集体聚会可以，但是尽量回绝单独约会，因为这很明显就是暧昧的开始。如果你不想日后被他纠缠，那就最好直接扼杀开端。

（4）避免单独和男上司去外地出差，最好找个女同事一起去，就算是他对你欲行不轨，到时候也好有个照应。另外，不要同住一间房，必须开两个房间，深夜不要给男上司开门，有事第二天再谈。

（5）尽量不要和男上司去那些 KTV、酒吧、歌舞厅等娱乐场所，即使推托不掉也不要单独去。但凡去这种地方的人，不管是男人，还是女人，都是或多或少想发生点什么关系的人。男人去寻找发泄欲望的女人，女人去觅求排解寂寞孤独的男人，还是远离暧昧场所为好。

(6) 在公共场合预防性骚扰，主要是避免穿着过于暴露，以免引起龌龊之徒的邪念，同时可用手提包等物品遮挡自己身体部位，免受色狼骚扰。

【警官举案】

某日，某市地铁公司官方微博发布了这样一条微博："乘坐地铁，穿成这样，不被骚扰，才怪。"旁边配有一幅女孩穿着透视装的背景图片，黑色连衣裙薄如蝉羽，内裤胸罩一览无遗。此微博一经发布便引来了网友们的热议，反对者有之，赞成者有之；众说纷纭，莫衷一是。随着这场口水战的不断升温，次日，便有两名年轻女子在该市地铁，身着黑袍和普通衣装，蒙着面，手持彩板，上书"我可以骚，你不能扰"、"要清凉不要色狼"，以此来抗议地铁微博称女性穿得少"不被性骚扰才怪"的言论，引来众多乘客围观。

【警官析案】

虽然穿着性感只是诱因，根本原因还是骚扰者心理有问题，而且穿着确实是个人的权利和自由，但是从防范性骚扰的角度讲，警官提示各位女士，为了使自己免受侵害，还是保守一点，以避免刺激猥琐之徒那敏感的神经。

(7) 对于酒桌上的潜在威胁，女性应该做到心中有数，能喝酒的要尽量克制，不会喝的要态度坚决，不要给别有用心的人机会。酒桌上一定要保持清醒，以免醉酒后被人骚扰、猥亵，甚至奸污。

(8) 在上网时，要特别注意个人隐私的保护，对于涉及个人信息、通信方式等隐私的发布，要选择安全可靠的网站，并且注意及时删除，同时洁身自好，远离一些无聊的聊天室、论坛等乌烟瘴气之地。

（三）遭遇性骚扰时应如何应对?

如果不幸遭遇了性骚扰，女性朋友要从实际情况出发，调动自己的全部智慧，审时度势，判断情况，思索对策，因人、因地、因时采取不同的措施和方法加以恰当处置，战胜性骚扰者，使自己免受伤害。但是无论应对方式如何变化，有几个要点是共同的，单身女性一定要记住：

首先，明确表明拒绝态度，隐瞒、模棱两可会让对方认为你是默许的，而且拒绝态度一定要前后一致，否则对方会认为你喜欢这样玩弄，只是半推半就而已。对待性骚扰不能轻视或者置之不理，因为忍耐或者逃避根本无法解决问题，但也不能过分敏感，反应过于激烈，这样不但自己心理压力巨大，而且还会激起对方的攻击欲望。

其次，学会使用语言和身体上的防卫方法。当对方的行为超过了你的心理底线时，要明确地表达你的反感，态度要坚决，语言要冷静、清楚，告诉对方让他自重自爱，如果对方进一步采取身体上的侵犯，那么就要采取适当的反制措施，利用高跟鞋底、发簪、雨伞等"武器"，配合踢、扎、戳等动作，给对方一点教训。

当然，女性还可以使用法律武器保护自己的合法权益，《中华人民共和国刑法》、《中华人民共和国治安管理处罚法》、《中华人民共和国妇女权益保障法》等法律、法规在处理性骚扰、性侵害问题上都有相关规定，以保障女性合法权益。

以下是几种具体情况的应对办法。

1. 遇到暴露狂怎么办?

受到暴露狂的性骚扰固然会令人感到害怕，但是这种男人很少跟踪女性或展开任何其他类型的接触。他喜欢目睹女性看到他下体时的惊吓状，以确认他的"男人本性"，这是他性兴奋的来源。而且一般的暴露狂是在精神上或生理上有缺陷的，如性无能之类，所以遇见了也不要太害怕，只要从容冷静地处理，郁闷和受惊吓的，反而是他。

【警官支招】

招数 1　面对暴露狂时，不要露出任何恐惧、惊讶的表情，要很淡定地把目光移开，面无表情，然后走开，假装什么事也没发生过。研究表明，暴露狂很少将其行为扩大到暴力行为，因此不理睬他，就是最好的处理方法。

招数 2　如果女性够彪悍，面对暴露狂，可以面带鄙夷地说："这么小也好意思拿出来显摆。"暴露狂听了一定想找个地缝钻进去。

招数 3　立刻拿出手机，对着暴露狂，大声地说："你喜欢脱啊，那我拍下来，帮你宣传宣传好啦。"由于这类人大多胆小、怕事，容易受到惊吓，所以这样的举动会立马将他吓跑。

【警官举案】

小杨的单位离家比较远，每天坐地铁之后还要走一段路。一天晚上，小杨下班晚了，回家路过一条偏僻小巷的时候发现后面有个人跟着她，她立刻警觉起来，加快步伐，可是那个人也快步跟了上来。小杨下意识地回了下头，那人立刻站住了，脸上露出诡异的淫笑，扯开大衣，里面一丝不挂。小杨吃了一惊，但是马上镇定下来，她知道如果慌张或者害怕，正是这个人想要的，不能让他得逞。于是小杨灵机一动，拿出手机对他拍照，那个人先是一愣，然后赶紧拿手捂住脸，手忙脚乱之后落荒而逃。

2. 公交地铁上遇到"咸猪手"怎么办？

在公交、地铁车上非常拥挤时，性骚扰的主要方式有：故意用身体紧贴

女性身体，左蹭右蹭；用手或肘触碰女性的敏感部位，俗称"咸猪手"；上下车时趁乱摸臀部或胸部；用下身触碰女性，甚至拉开裤链。面对色狼，首先打的是心理仗，一定要镇定不能慌。只要勇敢反击，不管用什么手段，色狼往往比你还心虚。

【警官支招】

招数1 大声斥责。色狼都很猥琐胆小，所以你要鼓起勇气，大声喊"把手拿开"、"离我远一点"等引起大家的注意，即使色狼不承认，至少他再也不敢对你有所动作了。

招数2 以暴制暴。你可以利用车辆的晃动假装站不稳，用脚后跟对着色狼的脚或者小腿狠狠地来一下，或者甩手对着色狼的要害来一拳。这样做是明确地警告色狼，希望他有所收敛，如果他反咬一口，你可以借口说是因为站不稳，这样他也无话可说。

招数3 以物隔挡。有人想摸你臀或者袭你胸，则将随身携带的手提包等物挡在你和色狼的中间，隔开他，尽量挡住"咸猪手"。

【警官举案】

公交车来了，因为正是上班高峰，所以公交车上即使已经挤满了人，下面仍有一群人等着上车。小涵急着上班，所以没办法只能跟着往上挤。车开了几站，小涵发觉身后的人一直在扭动。开始她以为是人多太挤了就没在意。但是渐渐地，那个家伙居然把手放在她的腰上，搂着她，小涵转过脸看着他，他若无其事地看着窗外，小涵用手提包把那家伙的手砸开，并放在身后隔开那家伙，可是那家伙居然把手提包拨开，恬不知耻地又贴了上来。小涵忍无可忍，但又不敢跟他公开对峙，就假装自言自语地说："这么小的家伙，跟牙签似的，也好意思来耍流氓。"这时车上的人都望了过来发出一阵哄笑，那个家伙立刻老实了，装作没事人一样望着窗外，车一到站就灰溜溜地跑了。

3. 遇到色狼上司怎么办?

对待办公室性骚扰,最有效的办法就是勇敢地面对,大胆地说"不"。

【警官支招】

招数 1　厉声拒绝。如果领导趁机拉你的手,搂你的腰,或者摸你的头发,你要立刻底气十足地说"打住"、"领导,您这是干吗"等,态度一定要坚决,不容商量。

招数 2　如果上司、同事色眯眯地盯着你看,不要跟他有眼神接触,不要理他,否则他会认为自己有机会。

招数 3　如果骚扰者在单位里是"通吃",那么就离他远一点;如果他只针对你,那么情况就有点棘手,可以尝试见见他的老婆。

招数 4　注意保留证据。录音资料经过认定是可以作为证据使用的,所以要尽可能地保留证据,录下他对你性骚扰时的声音,保留他发来的短信、邮件等,以备日后投诉、诉讼时使用。

招数 5　如果是政府、国企、事业单位,可以向纪检部门投诉。一般企业则向骚扰者的上级投诉汇报,但首先要确定这位上级不是好色之徒。

4. 遇到熟人性骚扰怎么办?

来自我们最熟悉的亲人、邻居、朋友的性骚扰,让我们愤怒的同时,却愈加难以启齿,这种伤痛比来自陌生人所带来的伤痛更加让人难以释怀,在感觉荒唐的同时,更多的却是一种无言的悲哀。应对这种情况,我们需要仔细斟酌,巧妙应对。

【警官支招】

招数 1　点到为止。一般来说，男人对女人的初次骚扰都是试探性的，当你对他的企图不是很明确的时候不妨静观其变，当你根据他的行为判断其已经对你构成性骚扰的时候，要心平气和且态度坚决地说出来。

招数 2　晓之以理，动之以情。如果你的"点到为止"并没能终止他的骚扰行为，那么你应该立刻对他来一番晓之以理、动之以情的谈话，力求达到既不伤和气，又避免性骚扰的效果。

招数 3　把事情搞大。如果你的委婉与动情都没有达到效果的话，只能说明你遇到的是一个极端无耻、下流的人。这时你应该认识到，对待这样的人，忍耐绝不是出路，委曲求全只会让对方更加肆无忌惮。这时你能做的就是撕破脸皮，对他进行强烈的反抗，告诉他会将他的行为向周围的人公布，让大家知道他这个人的本性，让他身败名裂。有很多女性因为种种原因不能做到这一点，可能是利益问题，也可能是颜面问题。有一点你必须清楚，要想成功地抵制性骚扰，维护自己的人格尊严，有些立场和原则是必须坚守的，而对于那些闲言碎语要记住一句话，公道自在人心。

（四）针对"咸猪手"有何法律、法规能够保障权益?

【警官说法】

1. 《中华人民共和国妇女权益保障法》明令禁止性骚扰。在目前阶段，禁止性骚扰首次被写进法律，意义深远，是我国立法的一大进步，对保护公民合法权益来说，当女性公民受到性骚扰的时候维权就有法可依，判案也有法可循了。

该法第四十条规定："禁止对妇女实施性骚扰。受害妇女有权向单位和有关机关投诉。"第四十二条规定："妇女的名誉权、荣誉权、隐私权、肖像权等人格权受法律保护。禁止用侮辱、诽谤等方式损害妇女的人格尊严。禁止通过大众传播媒介或者其他方式贬低损害妇女人格。未经本人同意，不得以营利为目的，通过广告、商标、展览橱窗、报纸、期刊、图书、音像制品、电子出版物、网络等形式使用妇女肖像。"第五十八条规定："违反本法规定，对妇女实施性骚扰或者家庭暴力，构成违反治安管理行为的，受害人可以提请公安机关对违法行为人依法给予行政处罚，也可以依法向人民法院提起民事诉讼。"

2. 2001 年 3 月 10 日起施行的《最高人民法院关于确定民事侵权精神损害赔偿责任若干问题的解释》第一条规定，公民的身体权、人格尊严权受非法侵害的，有权向人民法院请求精神损害赔偿。因此，假如公民有足够的证据证明自己遭受性骚扰，自己的人格尊严受到侵害，就可以向法院起诉。

3.《中华人民共和国刑法》第二百三十四条第一款规定："故意伤害他人身体的，处三年以下有期徒刑、拘役或者管制。"第二百三十七条第一、二款规定："以暴力、胁迫或者其他方法强制猥亵妇女或者侮辱妇女的，处五年以下有期徒刑或者拘役。聚众或者在公共场所当众犯前款罪的，处五年以上有期徒刑。"

4.《中华人民共和国治安管理处罚法》虽未使用"性骚扰"这一术语，但包含了这一行为的主要情形。该法第四十二条规定："有下列行为之一的，处五日以下拘留或者五百元以下罚款；情节较重的，处五日以上十日以下拘留，可以并处五百元以下罚款：（一）写恐吓信或者以其他方法威胁他人人身安全的；（二）公然侮辱他人或者捏造事实诽谤他人的；（三）捏造事实诬告陷害他人，企图使他人受到刑事追究或者受到治安管理处罚的；（四）对证人及其近亲属进行威胁、侮辱、殴打或者打击报复的；（五）多次发送淫秽、侮辱、恐吓或者其他信息，干扰他人正常生活的；（六）偷窥、偷拍、窃听、散

布他人隐私的。"第四十四条规定："猥亵他人的，或者在公共场所故意裸露身体，情节恶劣的，处五日以上十日以下拘留；猥亵智力残疾人、精神病人、不满十四周岁的人或者有其他严重情节的，处十日以上十五日以下拘留。"可见该法基本可以应对公共场所的性骚扰行为。

二、女性如何防范性侵害？

　　由于两性的社会地位和角色不同，相对而言，性侵害的对象常以女性为多。因此，女性朋友了解一些性侵害的基本情况、掌握一些基本对付方法，是很有必要的。

（一）性侵害与性骚扰如何区分？

（二）性侵害案件发生有何规律？

（三）采取何种措施防范性侵害？

（四）面对性侵害应该如何应对？

（五）遭遇性侵害，女性拿什么法律武器惩治犯罪分子？

（一）性侵害与性骚扰如何区分？

一般认为，只要是一方通过言语的或形体的有关性内容的侵犯或暗示，从而给另一方造成心理上的反感、压抑和恐慌的，都可构成性骚扰。性侵害是指加害者以权威、暴力、金钱或甜言蜜语，引诱胁迫他人与其发生性关系，并在性方面造成对受害人的伤害的行为。此类性关系的活动包括：猥亵、乱伦、强暴、性交易、媒介卖淫等。

性骚扰和性侵害都是以性为内容所施加的行为，两者的不同点在于：

从行为上看，性骚扰一般不是侵犯女性的性器官，甚至不一定是身体接触，通常是骚扰者想满足一下自己下流的欲望或者心理发泄而通过言语或者动作，使女性反感的一种行为。而性侵害一般是以发生性关系为目的，企图或者已经对女性造成性方面的伤害。因此可以看出，性骚扰的情节较轻，而性侵害的情节较重。

从法律上看，性骚扰行为一般属于民事纠纷，严重的则是违反治安管理处罚法的行为，情节特别恶劣的可能违反刑法。性侵害行为一般都触犯刑法，如强奸罪。

【警官举案】

女孩张某在一家工厂打工。工厂另一打工者谢某见其有几分姿色便起色心，平时总是借机讲些黄色段子挑逗张某，张某不予理睬。之后谢某变本加厉不时借机摸张某一下，有时甚至装作开玩笑的样子搂着张某或者把她拉到自己腿上坐着，张某对此很反感，但是胆小不敢声张。一天，谢某趁与张某独处的机会，以污言秽语对张某进行挑逗，并扬言要强奸她。张某被吓哭，随后报警，控诉谢某要强奸她。

【警官析案】

本案经过调查，谢某强奸行为证据不足，最终，谢某因多次以淫秽、恐吓言语干扰他人正常生活，以违反治安管理处罚法的行为，被处以行政拘留五日。尽管在日常生活中，可能由于法律知识的缺乏，女性朋友不能明确区分性骚扰和性侵害，这并不重要，重要的是只要自己的权益受到侵害，无论是心理上的还是身体上的，都要勇于反抗，维护自己的合法权益。

（二）性侵害案件发生有何规律？

1. 性侵害的主要形式

暴力型性侵害。暴力型性侵害，是指犯罪分子使用暴力和野蛮的手段，如携带凶器威胁、劫持女性，或以暴力威胁加之言语恐吓，从而对女性实施强奸、轮奸或调戏、猥亵等。暴力型性侵害的特点如下：

其一，手段残暴。当性犯罪者进行性侵害时，必然受到被害者的本能抵抗，所以很多性犯罪者往往要施行暴力且手段野蛮和凶残，以此来达到自己的犯罪目的。

其二，行为无耻。为达到侵害女性的目的，犯罪者往往会厚颜无耻地不择手段，比野兽还疯狂地任意摧残凌辱受害者。

其三，容易诱发其他犯罪。性犯罪的同时又常会诱发其他犯罪，如财色兼收、杀人灭口、争风吃醋、聚众斗殴等恶性事件。

胁迫型性侵害。胁迫型性侵害，是指利用自己的权势、地位、职务等便利，对有求于自己的受害人加以利诱或威胁，从而强迫受害人与其发生非暴力型的性行为。其特点如下：

其一，利用职务之便或乘人之危而迫使受害人就范。

其二，设置圈套，引诱受害人上钩。

其三，利用过错或隐私要挟受害人。

社交型性侵害。社交型性侵害，是指在自己的生活圈子里发生的性侵害，加害人大多是熟人、同学、同乡，甚至是男朋友。社交型性侵害又被称为"熟人强奸"、"社交性强奸"、"沉默强奸"、"酒后强奸"等。受害人身心受到伤害以后，往往出于各种考虑而不敢加以揭发。

诱惑型性侵害。诱惑型性侵害，是指利用受害人追求享乐、贪图钱财的心理，诱惑受害人而使其就范的性侵害。

2. 容易遭受性侵害的时间和场所

春末夏初，是女性容易遭受性侵害的季节。春末夏初气温逐步升高，女性夜生活时间延长，外出机会增多，而且大多衣着单薄，身体裸露部分较多，对异性的刺激增多。这个季节男性外出饮酒增多，更易产生性冲动，因此性侵害案件高发。

夜晚，是女性容易遭受性侵害的时间。夜间光线暗，犯罪分子作案时不容易被人发现。所以，在夜间女性应尽量减少外出。

僻静处所，是女性容易遭受性侵害的地方，如公园假山、树林深处、夹道小巷、楼顶晒台、没有路灯的街道楼边、尚未交付使用的新建筑物内、下班后的电梯内、无人居住的小屋或陋室、茅棚等。若女性在僻静处所单独逗留，很容易遭受不法分子袭击。所以，女性最好不要单独行走或逗留在上述这些地方。

3. 易受性侵害的人群分类

（1）在校学生。在校学生由于涉世未深，比较单纯，防范意识薄弱，对犯罪侵害的抵御能力不足，目前已成为易受性侵害的一类人群。校园性侵害

使受害学生受到的伤害和影响巨大，除了身体和心理上的伤害，往往还面临着辍学、退学等问题。而校园性侵害频发，与学校对于教职员工的管理和教育不足、法制意识淡薄、校园安全管理机制不健全有密切关系。例如，在一个案件中，一名学生被老师猥亵后报警，学校竟将老师保释出来，非但没有给予处分，反而继续让其走上讲台，在该老师再次对学生实施猥亵被发现后，学校居然作为中间人促成双方私了。

（2）打工妹。外出打工群体也是性侵害案件的高发人群。性侵害的犯罪大多数发生在打工的男女青年之间。性侵害的作案动机并不复杂，有的施暴者精神空虚，希望能通过异性来得到满足；有的是因为没有对象，性欲望得不到满足；还有的是因为醉酒后一时冲动，起了犯罪的念头。

【警官举案】

在某地打工的男青年吴某租住在一间出租屋内。某日凌晨，独自喝完酒的他看见一位女租客刘某站在二楼走廊上，便上前搭讪，并将其带回房间聊天。但是刚进房间，吴某就将房门锁上，要强行与刘某发生性关系，刘某大声呼喊，引来其他租户，才得以脱身，最终吴某因强奸未遂被判处有期徒刑一年零五个月。

【警官析案】

打工群体中的女性，往往防范意识差，抵御危险的能力不足，在与异性的交往中很容易轻信对方从而遭受侵害。本案中刘某在深夜遇见前来搭讪的吴某，随后就跟随吴某进房间聊天，且不论两人熟悉与否，深夜与男性独处一室，是女性防范被侵害的大忌。因此，警官提示外出打工的女性，要提高警惕，害人之心不可有，防人之心不可无，特别是对于认识不久，底细知道得不清楚的人，即使是男朋友，也要多长个心眼，以防不测。

（3）农村留守单身女性。由于现在农村大量青壮年劳动力外出打工，导致农村地区出现大量的留守女性。丈夫的外出使得这些女性的安全度降低，有些地区甚至出现了专门针对留守女性的犯罪，一些留守女性不可避免地遭遇到性侵害。一方面长期的分居生活使留守女性精神空虚、生活压抑，久而久之变得自卑和胆怯；另一方面迫于传统思想的压力，造成一些受到性侵害的女性不敢报案，使得一些犯罪嫌疑人能够一直逍遥法外或不停地作案。

【警官举案】

小李的丈夫长期在外打工，留下小李在家照看老人和孩子。一天晚上，小李正在家中熟睡，忽然觉得身上有股热气，睁眼看来，发现一个人正趴在自己身上，小李正要挣扎，那人拿着刀抵在小李脖子上说，敢叫就弄死你。小李顾忌孩子的安全不敢多作挣扎，随后即被强奸。事后，小李立刻报了警。公安机关在周围展开走访调查的时候意外地发现，周边竟有十余名女性有类似的性侵害经历。经过警方大量侦查工作，最终将嫌疑人目标锁定为居住在附近的章某。事后侦查询问得知，大部分受害人由于胆小怕事，害怕报案影响自己的声誉和前途，都选择了沉默，导致了章某的罪恶长期不为人知。

【警官析案】

针对留守女性的性侵害案件，犯罪嫌疑人往往是熟识的或者附近的人，而且由于留守女性迫于各种压力不敢声张，所以犯罪嫌疑人一般会作案多起。本案中，犯罪嫌疑人章某竟作案十多起而无人报案。在另一起案件中，一位母亲遭受性侵害后，未敢声张，后来犯罪嫌疑人在实施另一起性侵害时被抓住，犯罪嫌疑人交代后，这位母亲才知道原来因为自己的沉默，她的小女儿也被侵害。这时她才后悔莫及，因此警官提示农村留守女性，要勇敢揭露罪恶，不能让犯罪分子逍遥法外。

（三）采取何种措施防范性侵害？

【警官支招】

招数 1　夜间尽量避免单独外出，最好与人结伴而行，避免走没有照明设施的街巷，而且外出时着装尽量得体、大方，切忌暴露太多。过分暴露、性感的穿着会给犯罪分子以巨大的感官刺激，同时会让犯罪分子觉得这个女人虚荣、轻浮，易被选为目标，从而增加女性自身的危险性。

招数 2　尽量避免独居，可以和信任的人一起合住。某些犯罪分子正是摸清了一些女性独居的情况，找机会接近她们，伺机下手。如确实因各种原因不可避免要独居的，如农村留守女性，平时要提高警惕性。晚上在家锁好门窗，不要轻易让他人进屋，特别是男性单独来访，即使是熟人，也要提高警惕，因为有调查显示，有超过一半的强奸是发生在相互认识的人之间。

招数 3　言谈举止要稳重大方，不可与异性过分亲昵、随便甚至暧昧。在强奸案件的受害人中，相当一部分都是有轻佻行为的。这些女性在与犯罪分子日常交往中不大注意，拉拉扯扯，不时有轻佻、挑逗行为，刺激犯罪分子，使其产生误解，诱使其犯罪。女性有意无意地挑逗、卖弄风骚可能使自身陷入一种被害情境，将自己带入危险境地。

招数 4　不要轻易与陌生男子独处。勿与陌生人过多交谈，不要随便吃陌生人的东西，利用饮料迷晕女性后实施强奸是犯罪分子惯用的手段之一。

【警官举案】

小丽是某KTV的服务员。一天晚上小丽下班时，一个客人说："正好你下班了，我请你去吃夜宵吧？"小丽觉得这个客人人不错，就答应了。在吃饭的时候小丽去了趟厕所，回来之后那位客人很殷勤地递上一碗汤，小丽没有多想就喝了下去。不久，小丽觉得浑身乏力，昏昏欲睡。那位客人装作很关心的样子要带小丽去医院，小丽就迷迷糊糊地跟着他上了车。第二天醒来，小丽发现自己光着身子躺在宾馆里。

【警官析案】

现在，娱乐场所的服务人员成为性骚扰、性侵害的重点被害人群。即使在正规的场所，一些客人思想不端还是会对服务员进行性骚扰，更何况一些娱乐场所本身就进行一些非法肮脏勾当。因此娱乐场所的服务人员要洁身自好，增强安全意识，对于一些客人的"殷勤"要提高警惕，以免遭遇本案中小丽一样的不幸。

招数5　贸然搭乘陌生人的车是大忌。如若贸然搭乘，犯罪分子将车开往荒芜之地，那么任凭女性如何呼喊反抗都无济于事。

【警官举案】

娟娟在县城打工，她的男朋友在附近的镇上生活。这一天，娟娟跟男朋友约好要去镇上看他，娟娟在公交站等了一会儿。这时天快黑了，一个人走上前来询问她是否需要坐车，并且告诉她现在已经晚了，早就没有公交车了，让娟娟付给他10块钱，他骑摩托车送娟娟去。由于见男朋友心切，娟娟就答应了。车骑了一会儿，娟娟觉得不对劲就问这是否是去某镇的路，那人说这是抄的近路，一会儿就到了。但是随着周围环境越来越偏僻，娟娟越来越不安，于是让那人停车，可车反而越骑越快，情急之下娟娟跳下车。那人随

即下车将娟娟拖入路边的树林里，不顾娟娟的反抗，将其强暴。

招数6 不要轻易和网友见面。现在利用网络结识女性，约会见面时伺机下手实施侵害的案件越来越多，女性朋友要做到不轻易相信网友，即使见面也要与人一同前往。

【警官举案】

网名"萌萌"的17岁女孩齐某，在网上认识了网名"风间玉杨"的杨某。通过一段时间的网聊，齐某被杨某的关怀和风趣幽默所吸引，逐渐对其产生好感，两人随即约会见面。第一次见面杨某表现得很热情，也很大方，打动了齐某。之后两人又约好第二次见面，这次当齐某来到约定地点时发现杨某又带了一个朋友来，但是她并没有在意。吃完饭杨某以找个地方聊聊天为名提出要去宾馆，齐某起初不愿意，但是经不住杨某的劝说，心存侥幸地跟着两人来到房间。但是一进门两人就将齐某按在床上，以捂嘴、威胁等方式将齐某强奸，随后杨某又打电话叫来另外两人，四人再次将齐某轮奸。

【警官析案】

网友见面已经是个老生常谈的问题，尽管我们通过各种形式提醒女性其中的风险，但是仍然不能阻挡一些女性对于美好"爱情"的向往，执意与网友见面，并幻想能够由此开始一段缠绵悱恻的感情。可残酷的现实往往击碎她们的幻想，并将她们置身险境。本案中由于齐某的天真与侥幸心理，最终酿成惨剧，虽然四名罪犯被缉拿归案，并处以极刑，但是这也换不回17岁花季少女的美好人生。

招数7 同一般熟识人员约会时，可以将自己的行程安排、见面时间地点告知亲友，以备不测。

招数8 切忌过量饮酒，以防醉酒后失身。

招数9 如若自身发生过错，被人抓住把柄，切不可以性交为交换进行私了，因为根本"了"不掉，这是给自己平添伤害。

（四）面对性侵害应该如何应对？

【警官支招】

招数1 保持冷静。性侵害类案件大多发生在相对有利于作案的环境。由于事发突然，难以预料，大部分女性都会陷入慌乱。实施作案的犯罪分子，由于高度的亢奋和犯罪的恐惧感交织在一起，从奸入到射精的过程，一般比正常情况下要短得多。当受害女性能够恢复相对平静时，可能犯罪活动已经完成了。因此当遭遇性侵害时首先需要的是让自己尽快镇定下来，注意保全自己的性命。

招数2 找机会逃离。尽可能集中自己的注意力，找出现场可以保护自己的工具，或可能逃离的方式，一旦发现有逃离的机会，应当机立断。例如，发现有人经过即大声呼救；如被困在车上，要想办法按喇叭吸引注意；若在屋内，有机会挣脱可跑至另一个房间将门反锁。

招数3 重复呼救。察觉歹徒或对方欲侵害，应立刻大声呼救，若判断不至于因此而受到歹徒暴力攻击，就不断地重复大声呼救。因为，一方面旁人可能要听到几次呼救后，才会真的确定有紧急状况发生，而不是一般的恶作剧；另一方面，对于部分加害人而言，他只是想找一个容易下手的对象，若是你不断呼救与反抗，他可能会觉得麻烦而放弃。

招数4 合理反抗。利用身上带的水果刀、小剪刀、钥匙、雨伞或钢笔等一切硬物、尖物当作自卫武器，不让坏人靠近，以求脱险；如果被正面抱

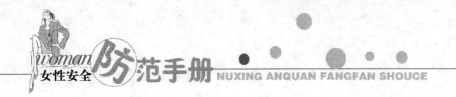
住，就用手戳其眼睛、喉咙，或用膝盖猛顶其裆部；如从后方被抱住，则用鞋后跟猛跺其脚背；如果力量悬殊，可边呼喊边蹲下，双手抱紧膝盖，全身蜷起不放，使坏人不易得手。多反抗一分钟，就多一分钟获救的机会。

招数5 让强暴者"性"致全失。伪称自己染有性病，或假装歇斯底里，甚至可以强迫自己呕吐或尿在裤子上。

【警官举案】

周周下班之后路过一段偏僻的小巷，突然被人卡住脖子按到墙角，对方用刀抵着周周，意图强奸她，吓得周周不敢叫喊。但是她很快镇定下来，想到一个主意。她顺势倒在地上，口吐白沫，四肢抽搐，歹徒看到她的样子吓得赶紧跑了。周周用自己的智慧拯救了自己。

招数6 保护自己的身体和生命。若是无法脱身，不要死命抵抗，尽力保护自己，以将对自己可能造成的伤害减到最低程度，必要的时候，要以保命为考虑。

招数7 主动报警，保存证据。侵害一旦发生，女性朋友需要克服恐惧心理，主动报案。由于许多人担心报案后有损自己的名誉，招致社会非议，害怕世俗观念和传统贞操观的非难和歧视，所以宁愿隐忍也不愿告发。这大大助长了犯罪分子的嚣张气焰，使更多的女性受害。

受到性侵害后，被害人应记清歹徒的相貌、生理特征、衣着打扮、口音、携带物品、受伤情况及车辆特征等，以便事后为公安机关提供破案线索和依据。另外，被害人的内衣也不要扔掉或清洗，被害人也暂时不要洗澡，以免失去精液等一些重要的证据，应经法医检查鉴定后，再进行清洗。

（五）遭遇性侵害，女性拿什么法律武器惩治犯罪分子？

【警官说法】

《中华人民共和国刑法》第二百三十六条规定："以暴力、胁迫或者其他手段强奸妇女的，处三年以上十年以下有期徒刑。奸淫不满十四周岁的幼女的，以强奸论，从重处罚。强奸妇女、奸淫幼女，有下列情形之一的，处十年以上有期徒刑、无期徒刑或者死刑：（一）强奸妇女、奸淫幼女情节恶劣的；（二）强奸妇女、奸淫幼女多人的；（三）在公共场所当众强奸妇女的；（四）二人以上轮奸的；（五）致使被害人重伤、死亡或者造成其他严重后果的。"第二百三十七条规定："以暴力、胁迫或者其他方法强制猥亵妇女或者侮辱妇女的，处五年以下有期徒刑或者拘役。聚众或者在公共场所当众犯前款罪的，处五年以上有期徒刑。猥亵儿童的，依照前两款的规定从重处罚。"

三、女性家中遭窃怎么办？

入室盗窃发案有一定规律可循。如果女性在家中防范、应对不当，不但会导致被性侵犯或人身伤害，更有甚者会导致恶性杀人案件的发生。女性朋友更应该学会防范与应对入室盗窃。

（一）入室盗窃发案有何规律？

（二）怎么才能避免家中被盗？

（三）当在家中与小偷遭遇时应该怎么办？

（四）发现家中已经被盗了应该怎么办？

（五）家中遭窃，有什么法律可以处罚窃贼？

（一）入室盗窃发案有何规律?

1. 作案时间具有规律性

入室盗窃案件的发案时间大体可划分为三个时间段：一是上午 9 点至 11 点；二是下午 2 点至 4 点；三是凌晨 2 点到 4 点。盗窃犯白天选择前两个时间段是抓住人们的活动规律，多数人在此期间上班或外出办事，人去屋空，作案成功率较高；选择凌晨时间作案主要是根据人们的生理特征，这期间大部分人都在睡觉，而且睡得最沉、最香，不易被发现。也有在其他时间发生入室盗窃的，但相对这时较少。

2. 盗窃目标的集中性

入室盗窃案件主要集中在城区的居民区，尤其是老旧的、开放式的、物业管理松散的小区。

开放式小区一般出口众多，人员出入随意且流动性大，出口四通八达，嫌疑人可以从任何通道进入小区。由于小区人员复杂，很难分辨出犯罪嫌疑人的特殊身份，给犯罪嫌疑人踩点作案提供了可乘之机。犯罪嫌疑人往往通过敲门找人或者灯光来判断室内是否有人，或者通过门边张贴的小广告、宣传手册等标志判断户主的离开时间，针对长期闲置或者等待出租的空房，犯罪嫌疑人会将室内财物洗劫一空。

老旧小区一般安防设施比较差，许多居民家中安装的都是老式栅栏防盗门，由于老式栅栏防盗门一般非钢性结构，价格比较低廉，做工比较粗糙，接合处往往留有一定缝隙，无疑给犯罪嫌疑人留下可乘之机。虽然此类防盗门不具备防盗功能，但低廉的价格却被大多中等以下收入家庭所接受，一些户主们为了使用方便，甚至只在防盗门里层安装一层防蚊窗纱，出门时将内扇木门反锁，外扇防盗门带上则可。因此，盗窃嫌疑人只需将纱网捅破，用塑料插片或撬棍等简单工具便可将防盗门锁舌打开。

物管薄弱小区一般监控设施不到位，保安人数和质量都达不到安全标准，容易被不法分子抓住漏洞。犯罪嫌疑人作案前一般都有踩点的习惯，他们一般会特别注意小区保安，对小区保安的数量、巡守次数以及巡查规律都做到心中有数，而且一般不会选择有监控设备的场所下手。一旦发现小区保安责任心不强，经常出现漏岗或者开小差现象，他们就会大胆、连续地在该小区作案。

3. 作案手段的习惯性

入室盗窃犯作案一次就洗手不干的极少，多数都是长时间多次作案的惯犯，随着犯罪经验的不断积累，犯罪手段也就逐步趋于成熟、固定，最终形成各自的习惯性作案手段。

具有攀爬技能的，多选择夜间作案，犯罪嫌疑人一般利用楼房墙体外的下水、暖气管道和防护栏为攀爬条件，尤其是外悬式防护栏，有的盗贼可以利用它从一层一直爬至楼顶，这类盗贼一般不携带专门作案工具，只携带手电照明，以免被夜间巡逻的人员查获。他们利用住户阳台、厨房、卫生间的窗户不关或关不实，拨窗入室盗窃，也有极少数利用工具破坏防护栏入室作案。入室后翻找衣物、橱柜，一般以盗窃现金、手机、首饰等便于拿走的物品为目标，不搬动大件物品。为了不被发现，数分钟之内如果找不到财物就会放弃，听到声响后大多会选择逃跑，甚至会从二层楼上跳下逃跑。这些人一般连续作案，一夜之间侵害多户居民，从而对社区造成较大影响。

利用撬门入室或技术开锁的盗窃，大多发生在白天，其中有的甚至配备车辆，结伙实施"搬家式"盗窃，只要是有一定价值的物品一律不放过。另外，犯罪嫌疑人原有的职业习惯、生理特征也会表现在作案过程中，并在犯罪现场留下较为明显的犯罪痕迹。

【警官举案】

某市公安局破获了一起系列入室盗窃案件，以惯犯张某为首的四人团伙在短短的几个月内，采取撬门入室的手段，配备一部面包车和一部轿车，在该市疯狂实施"搬家式"盗窃三十余起，所盗财物包括高档烟酒、摄像机、照相机、貂皮大衣、金银首饰及美钞等，涉案金额达四十余万元。据犯罪嫌疑人交代，他们一直利用两根撬杠和两部汽车作案，从未更换过，感觉这些工具用熟练了，习惯了。

4. 作案工具的多样性

入室盗窃的作案工具多种多样，有些新工具让人意想不到。攀爬入室盗窃的犯罪嫌疑人一般就地取材，利用楼房上的某些设施为依托，自备螺丝刀、玻璃刀等小型撬压、切割工具；撬门入室的，多采用自制的撬杠、千斤顶等；技术开锁的工具也是五花八门。

5. 入室盗窃犯罪易诱发其他犯罪

一般来说，盗贼入室后找不到钱物，或是被人发现，大多数会尽快逃离，而不会对事主实施人身伤害行为。但如果逃离不成，或是发现家中只有势单力薄的老人、孩子、妇女，丧心病狂的盗贼很可能实施强奸、抢劫，甚至是杀人犯罪。

（二）怎么才能避免家中被盗？

【警官支招】

招数1　尽量安装防盗门和防盗网，养狗也是不错的选择。目前，农村入室被盗的事件时有发生。有些案件还伴有性侵害，大多数受害人都是一个人在家的妇女。农村有些房子是木制的大门和窗户，有些人家外出都不锁门，晚上也不关窗户，加之房屋都是单独的一层或者两层，给小偷带来了入室盗窃的机会。建议家住农村的居民有条件的尽量安装防盗铁丝网或者防盗门，特别是有留守妇女和儿童时，更要注意安全。也可以在家中大门内上方和窗户边上装几个大铃铛，一旦有人进入就会碰到铃铛，如果家里有狗也肯定会叫起来，一般小偷就会害怕逃走了。

【警官举案】

黄某家住农村，丈夫长期在外打工，她带着孩子在家务农。由于去年邻居家被盗，她多了一个心眼，家里本来就有一只黄狗，她又养了一条狼狗，还在门口和窗户上挂一些铃铛。果然一天夜里，铃铛响了，狗也叫起来，家里的大狼狗还把小偷咬伤了。事后黄某心有余悸，同时也感叹："还好我们事先有准备，不然钱财被盗事小，要是家里人受伤或者受惊吓就损失大了。"

招数2　防攀爬铁钉。居住在五楼以下的住户是夜晚最容易遭到小偷"光顾"的，因为高度相对较低，容易攀爬。住户可以将若干铁钉倒插固定在一定长度的皮条状铁皮、塑料等材料上，做成一个"防攀爬铁条"，然后用强力胶固定在围墙、窗口下沿，钉子扎手，还可以形成一道防攀爬的屏障，且不影响小区环境美观和居民视线。为防止窃贼趁人睡熟之后爬上阳台行窃，可以在护栏顶部摆放花盆，花盆间固定与灵活相结合。如果小偷冒险爬阳台翻越护栏，摆放的花盆将使其难以逾越，给住户带来安全感。还可以在阳台上安装感应灯，在临睡前打开开关，一旦有人攀爬上阳台或有声响，灯会亮起，这样可以起到震慑的作用，吓跑小偷。很多人因为夏天太热所以开窗睡觉，这其实是很不安全的，夏天可以开空调，不要为了省电而因小失大。

招数 3　卧室门反锁，门上不要插钥匙。尽量将手提包、手机、手提电脑等物放到卧室内。现在很多人家为了图方便，习惯将室内各个房间的钥匙都插在门上，殊不知这也是很大的一个安全隐患。如果平时有这个习惯，夜晚睡觉的时候一定要记得把卧室门上的钥匙取下来，因为一旦有小偷进到室内，卧室是最安全的地方，一般小偷还不会大胆到去主人身边偷东西。把卧室门锁上也是十分有必要的，如果发现家里进了小偷，可以在卧室拨打报警电话，最好不要出去和小偷面对面搏斗。

招数 4　邻里守望，也就是邻居们互相照看。如今邻里之间的关系很让人尴尬，有的住户甚至住了好多年了连对门邻居都不认识，见面连招呼都不打，关上门更是两耳不闻窗外事，大大拉开了人与人之间的距离。建议大家不妨在空闲的时间串串门，互相增进了解。在出门的时候可以托邻居照看。更可以在整个单元、整幢楼或整个小区组建一个组织或协会，出资由空闲人员轮流照看。

【警官举案】

　　小丽是一个都市白领，工作 5 年之后在某小区买了一套房，但是由于工作繁忙都来不及去邻里那里打个招呼。9 月的一天，小丽刚下班，邻居老大爷正好出门，小丽和老大爷点点头算是打招呼了，老大爷看看小丽说"姑娘今天下午你男朋友来过了，不过你不在"。小丽一听就疑惑了，自己并没有男朋友呀，赶紧跑回家一看，电脑、相机等值钱的东西都被洗劫一空。事后邻居表示，当天下午看见一个男子在开门，但是背对着开了很久。邻居正好出门，

该男子称自己是这家住户的男朋友，刚出差回来，邻居也就没再多问。

【警官析案】

本案中，正是由于邻里之间的陌生，没有及时报警，导致了财物的损失。单身女性出门在外应该和邻里说明情况，得到邻里的关照，这样也是为自己的安全着想。

招数5 外出时不要将家里的窗帘拉得严严实实。一般小偷在盗窃前都会踩点，观察住户一段时间，等住户不在家时进行盗窃。对于一些没有踩点的盗窃，小偷通常是通过观察来判断家里是否有人。很多人外出时会将家里的窗帘都拉得严严实实，其实这样会给小偷一个信号，就是家里没人。因此建议女性朋友平时外出或者上班时不要将家里的窗帘全部拉上，不过窗户还是应当关紧的。

对于大门，建议安装正规厂家生产的防盗门，最好是双锁防盗门，夜间休息或外出时，门锁最好处在反锁状态，虽然仍有可能被技术开锁等强制开锁手段破坏，但是相对木门安全很多。如果是木门，为防止坏人用插片拨开碰锁入室行窃，可将一个三角斜坡木枕顶住房门，成本低，简单易行，盗窃分子却难以得逞。或者是休息时在门背后或窗户等入口处竖立一米多高的小棒，棒顶上放置一个小不锈钢茶杯盖，只要门一开它就会自动掉在地面发出响声，就会惊醒住户了。阳台也要安装专门的防盗门或者防盗窗，以防小偷从阳台进入室内。

招数6 尽量不要把刀具放在随手能拿到的地方，避免被小偷利用。

【警官举案】

几天前，下班回家的梁女士准备做饭，却发现怎么也找不到菜刀了，但第二天发生的事让她吓了一跳，她拉开书房抽屉准备把里面放的 2000 块钱存入银行，却发现钱不翼而飞。经过警方调查，在柜子后面发现了梁女士家的

菜刀。警方分析，梁女士家里进了小偷，小偷顺手将厨房里的菜刀拿在手里防身。小偷不自己携带凶器可能是为了方便作案，在翻箱倒柜之后嫌菜刀麻烦就将菜刀随手放在柜子后面了。

【警官析案】

这一案例值得市民警惕，从安全角度考虑，睡觉之前最好把刀具之类的东西都锁在橱子里，防止小偷顺手拿走伤人。

（三）当在家中与小偷遭遇时应该怎么办？

【警官支招】

招数1　勇敢冷静。在家中与小偷狭路相逢时首先不要害怕，你要明白这是你的家，你是正义的一方，一旦流露出害怕的情绪反而会让小偷占了上风，但是不要与小偷发生正面冲突，因为正面冲突很可能刺激到他，导致犯罪升级。

【警官举案】

张某独自一人居住在家，某晚一窃贼攀爬翻入其家中被张某发现，张某大喊大叫并冲上去企图抓住小偷，小偷被逼急，拿出刀子连捅张某十几刀，张某差点因此送命。

招数2　虚张声势，吓走小偷。你可以顺手拿起一个硬物在手上当作武器，大声呵斥小偷，谎称自己已经报警，小偷本来就心虚，这样一来，基本就会逃跑了。

招数3　巧妙与之周旋。由于女性天生柔弱，面对小偷不可强攻，要以

智取胜，与犯罪分子巧妙周旋，化险为夷。

【警官举案】

　　一位大姐独自一人在家，一小偷进屋偷东西，被大姐发现，两人相持不下，大姐想想后对小偷说："小伙子，我知道你们出门在外找工作也不易，也是被逼得走投无路才干这事的，我也没什么钱，只有几百元，你拿去，我放你一马，你年纪轻轻，以后不要干这事了。"说也奇了，过了几天，有人从门缝里塞了一沓钱给那位大姐，数目是大姐给小偷的一倍。人都说小偷良心发现，来报答大姐的。

（四）发现家中已经被盗了应该怎么办?

【警官支招】

　　首先，要注意保护被盗现场。这是保护自己权益，配合公安机关破案的关键，而且我国刑事诉讼法规定，任何单位和个人，都有义务保护犯罪现场，为公安机关勘验工作创造条件。因此作为失主，要冷静，不要惊慌失措，让人在门窗外看守好，禁止无关人员进入现场。对于室内的东西，不要乱摸乱动，对于现场周围可能是罪犯出入的道路或活动的地方，也要划出范围，加以保护。对于现场留有的犯罪分子手印、脚印及遗留物等，要特别加以保护。

　　其次，在保护好现场的同时，应立即向公安机关报案，在随后的调查中，要配合公安机关，讲明案件发生的地点、被盗的时间及经过，失窃财物的数额、品种、特征等，及发案前后现场变异情况等。

　　最后，要查找家中被盗的原因，如门窗是否关好、生活规律被小偷掌握等。查找原因后，要有针对性地进行改进和预防，以免类似事件发生。

（五）家中遭窃，有什么法律可以处罚窃贼?

【警官说法】

1. 《中华人民共和国刑法》关于盗窃罪的有关规定主要在该法第二百六十四条："盗窃公私财物，数额较大的，或者多次盗窃、入户盗窃、携带凶器盗窃、扒窃的，处三年以下有期徒刑、拘役或者管制，并处或者单处罚金；数额巨大或者有其他严重情节的，处三年以上十年以下有期徒刑，并处罚金；数额特别巨大或者有其他特别严重情节的，处十年以上有期徒刑或者无期徒刑，并处罚金或者没收财产。"第二百六十五条："以牟利为目的，盗接他人通信线路、复制他人电信码号或者明知是盗接、复制的电信设备、设施而使用的，依照本法第二百六十四条的规定定罪处罚。"第二百六十九条："犯盗窃、诈骗、抢夺罪，为窝藏赃物、抗拒抓捕或者毁灭罪证而当场使用暴力或者以暴力相威胁的，依照本法第二百六十三条的规定定罪处罚。"

2. 《中华人民共和国治安管理处罚法》第四十九条规定："盗窃、诈骗、哄抢、抢夺、敲诈勒索或者故意损毁公私财物的，处五日以上十日以下拘留，可以并处五百元以下罚款；情节较重的，处十日以上十五日以下拘留，可以并处一千元以下罚款。"

四、女性出门在外怎么避免被扒窃？

女性出门在外，很容易成为小偷的目标，如何保护好自己的财物，防止被小偷"光顾"，是女性必须要注意的问题。明确哪些场合是扒窃的高发地点，对防止扒窃有重要的作用。特别是遇到节假日，小偷更是蠢蠢欲动，防备心一定要多加一层。

（一）什么情况下容易成为小偷偷盗的目标？

（二）哪些地段是扒窃高发地段？

（三）怎样辨别小偷？

（四）怎样防止自己被扒窃？

（五）遭遇扒窃时应该怎么办？

（一）什么情况下容易成为小偷偷盗的目标？

1. 在公交车上、火车上、候车室等公共场合打瞌睡

扒窃不同于抢劫，小偷多是利用受害者的疏忽乘机偷窃财物，特别是女性朋友在没有同伴的情况下，在车站候车室、公交车等处打瞌睡最容易成为受害目标。人在睡眠的时候警惕性丧失，扒手会装作旅客或者乘客接近，在侧面或者后面坐下，等到附近的人没有注意时，实施扒窃，并迅速离开。而且相对于其他人，女性朋友让小偷更大胆不忌讳，就算被发现也跑得掉。

【警官举案】

小娟是大三学生，暑假回家在火车站等车，火车晚点了 3 个小时，小娟就靠在候车厅的椅子上休息。一会儿，来了一个男生坐在了小娟旁边，也是大包小包，"他戴个眼镜，看起来像个学生，我也就没有起戒心"。男生坐在旁边翻起一本杂志。小娟坐着坐着闻到一股香味，觉得很困，就靠在椅子上睡着了，小娟醒来时，发现钱包手机都不见了。"我问旁边的人，他们都以为那是我男朋友，看他翻我东西都没在意"。

小王单独一个人到城里来打工，临近过年，揣着一年来打工挣的一万块钱，"觉得存到银行还要付手续费，不值当，而且回到村里还得去镇上取钱不方便，就自己里三层外三层用塑料口袋包好放在包的最里层"。在火车站，民警赶到的时候小王正坐在地上抹眼泪，钱已被偷了。

【警官析案】

每当放假、过年时，车站里等待回家的女学生和打工妹，是扒手们最喜

欢的"猎物"。所以女性朋友长途旅行，最好能找个同伴，相互照应。在列车上休息的时候也可以互相轮流休息，不至于在自己休息的时候包裹无人看管，给犯罪嫌疑人留下可乘之机。

2. 手机、钱包放在外衣口袋中

很多女性朋友独自出门拎着包，为了方便就将手机随手放在外衣口袋或者牛仔裤中，殊不知这一图方便也给小偷带来了方便。小偷主要使用的工具就是镊子，放置在外衣口袋的手机和钱包很容易得手，而且扒窃时对方甚至一点都感觉不到。因此建议广大女性朋友，在外出时一定要将财物放在内衣口袋或者有拉链的袋子里。

3. 接打电话或者听音乐的时候

当人在接打电话或者专注地听音乐的时候，警惕性会下降，此时窃贼作案手法多是通过手机耳机线拽出手机，拔下耳机后将手机窃走。当手机被窃之后，许多失主还以为是手机出了问题，等意识到失窃时，扒手已快速转移赃物逃离。

4. 上下车的拥挤瞬间

相当一部分受害人是在上下车的瞬间被盗，这时乘客非常多，非常拥挤，犯罪嫌疑人正好利用机会浑水摸鱼。大部分犯罪嫌疑人都是在车门处进行扒窃的。值得注意的是，上下班高峰期间的地铁换乘站通道，近年也成了盗窃案高发地段。当乘客一窝蜂扎堆儿往通道里拥的时候，给盗窃分子提供了最佳时机。换乘通道比较漫长，还有狭长的扶梯或步梯，乘客在走动时会放松警惕，冬天着装一厚更不易发觉东西被掏，窃贼此时甚至不需要配合，一个人就可以实施盗窃。但是，值得注意的是，公交扒窃一般是团伙作案，扒手利用老乡或者亲戚关系为纽带形成团伙，行动时相互配合，一旦得手立刻转移赃物，所以当你在上车时被人挤在中间，就要小心是否被盗窃团伙围攻了。

（二）哪些地段是扒窃高发地段？

1. 大商场、步行街、夜市等人员密集区

繁华的商业中心人流量较大，一般市民出来购物、消费，身上带的钱物较多。市民逛街时一般心情放松，防范心理较弱。尤其是背着包的女性朋友更容易成为目标。在这些地方，通常小偷都是团伙作案，先尾随目标一段时间，等到目标掏出钱包或者付账之后，由几个人去将目标女性和人群隔开，伺机下手，得手之后迅速将财物转移给其他人，马上撤离。被扒窃者甚至在很长一段时间内都没有发觉。

2. 学校周边

学校周边多是一些小摊贩，人员密集，学生一般都会带着手机和钱包来这些地方，加之学生的防范意识一般比较弱，使这些地方成为扒窃的高发地区。

【警官举案】

小张是一个大二学生，学校周边的小食街是她经常光顾的地方，"有时候和同学一起，有时候也一个人去。平时一个人的时候就把手机的耳机戴上听音乐"。小张的这个习惯是很多学生都有的，一边走路一边发短信或者听歌，手机就放在外衣口袋，在人员拥挤的小巷里，很容易让小偷得手。就在小张准备吃饭放下耳机的那几分钟，"光顾着手上的面条了，端到桌上一放才发现手机不见了"。

3. 医院周边和医院里面

医院人流量大，一般去医院看病的市民口袋中都会带较多的现金。医院里发案数量较高的地方分别是电梯、食堂、挂号处。病人家属或者病人本人一般此时都会心烦意乱，不太会注意自己的钱物，警惕性下降。警方在扒手作案录像中发现，一名扒手拿着一个塑料袋遮挡，在4秒内从受害人口袋中偷走了手机。而此时，周围的群众各自忙着自己的事，无人发现。

4. 扎堆购票、购买物品或者付款的地方

【警官举案】

小李独自回家，在汽车站买票，"春运的时候，人特别多，我好不容易买到票，找的一把零钱就随手放到了外衣口袋，好不容易从人群里挤出来，发现刚找的钱都不见了"。

【警官析案】

像小李这种情况在售票厅、集市和公交车上常常见到，小偷往往利用女性身旁没有同伴照看的时候，乘人群拥挤之机扒窃。甚至有的小偷身上还携带有刀具之类的凶器，万一目标反抗，不惜伤害对方。

5. 城市公交、地铁

城市公共交通具有人员流动性大，现场稍纵即逝，证据难以收集，并具有作案手段隐蔽很难发觉的特点。然而由于一般公交扒窃数额小，很难立案，所以导致很多群众对这种扒窃视若无睹，在另一层面上助长了小偷的气焰，破坏了社会的风气。现今公交扒窃作案团伙向纯职业化、暴力化、智能化、低龄化发展，而且聋哑人作案数量增加，给公安侦破工作带来了很大的难度。

城市公交扒窃的作案对象以妇孺为主，特别是女性朋友相对老年人所携带财物更多，而且防范意识也比较差。

【警官举案】

小尹是刚工作的白领，每天早上6点就要乘公交车去上班，"早上都没睡醒，一般就会选择在公交车上睡会儿"。一天早上，小尹和往常一样上了583路公交车，不久就靠在椅子上睡着了。"我被一个男人挤醒了，这时候车上人已经不少了，我睁眼就看见那个男人正把手伸到我旁边的挎包里面，我刚想喊，发现那个男人恶狠狠地盯着我，插另一只手的口袋露出半截刀柄。我立马吓得不敢说话，不过那个男人没有拿到钱包就直接下车了"。小尹被吓出一身冷汗，事后还心有余悸。

【警官析案】

像小尹这种情况其实在公交扒窃中很常见。被扒窃者多为女性朋友，也不敢和小偷正面交锋，而且公交扒窃多为团伙作案，一旦起了正面冲突，对女性朋友是很不利的。小偷正是利用了这一点，所以将女性列为主要目标，据某地抓获的扒窃分子交代，他们十有八九的作案对象都是女性。

（三）怎样辨别小偷？

小偷不同于抢劫犯，他们一般以妇孺老人为对象，他们善于观察人，小偷也害怕遇上拼命三郎型的或者是泼妇型的人，那样即使小偷看到钱了也不敢下手。小偷毕竟是做贼心虚，因此一般都会选择一些东西来遮挡，从中就可以分辨出小偷的一些特点。

1. 识穿着

手上拿着大包，手臂上还搭着一件深色衣服，刻意往人群里挤的人。小偷一般以镊子为工具，在扒窃的时候要用一件衣服挡住，因此，根据天气判断，对在不适当的时候带着厚衣服的人就要加倍小心了。特别是这样的人还一个劲往人群里面挤，就十有八九是小偷了，因为一般人是不喜欢往人群里挤、不喜欢别人靠自己太近的。小偷的这些反常举动如果加以细心观察是能够发现的。

2. 观行为

在公交站、火车站口和火车过道里长期逗留，并且有3~5个人不时走来走去使眼色打招呼。现在小偷大部分都是结伙作案，一般有3~7个人站在人群拥挤的地段互相照应，一个人靠近扒窃对象试探，得手后会迅速转交给接应的人，然后离开。因此，在这些地方遇到几个人一起的就要加倍小心了。当在火车过道里看到两边有很多人的时候，那就一定要低头注意每个人的手，同时护好你的包和口袋，正常人都会主动给你让点空间，避免你挤到他身上，但小偷一定会抓紧这个机会靠近你，所以只要你发现人群中有人在故意靠近你，那么可以肯定这个人是小偷。

3. 看眼神

扒窃分子寻找行窃目标时两眼总是贼溜溜盯着乘客鼓起的口袋、漂亮的背包和腰间的手机，且特别留心外地人、妇女和中老年人。选准目标后一般要环顾四周，若无他人注意便迅速下手。此时因精神比较紧张，往往有两眼发直发呆、脸色时红时白等现象。

4. 听语言

扒窃分子之间为方便常常使用一些"暗语"或"黑话"，把上车行窃叫作"挖钱",把上衣兜称为"天窗",下衣兜称为"平台",裤兜叫作"地道",等等。

（四）怎样防止自己被扒窃？

【警官支招】

招数 1　不要露财。女性外出尽量不要在人员混杂的地方掏出自己的钱包和手机，有很多女性觉得自己一个人太无聊就找个角落玩手机，殊不知这样给不法分子留下了重要的信息。一是你警惕性不高，还沉浸在玩手机之中；二是你应该是一个人，因为你显得无聊；三是你已经通过手机向他显示了你身上的财物。

招数 2　不要将钱、护照等贵重物品放在挎包里。抢东西的小偷会夺走它们，掏腰包的小偷会手伸进去或割裂它们。后裤兜是最不安全的，前裤兜可能是最好的。腰包不错，尽管它们可能使你显得臃肿，而且如果你不脱下外衣你很难取钱。尽管如此，腰包仍然是最安全的置物方式之一，将包置于前方自己的视野范围之内，临时休息或就餐时，包不要随处一扔，乱放置脱离自己视线，应放在自己视野之内且不容易被他人顺手拿走的位置。

招数 3　单独一个人的时候尽量不要看书或者玩手机。专注于看书或玩手机会分散自己的注意力，很难觉察到周围的小偷，而且一个人的时候保持警觉性，不分心，会让小偷感觉到下手困难，增加其扒窃的难度。

【警官举案】

小娜今年刚上高中，父母给她买了新手机。小娜在上学的路上经常边走边玩手机。2012 年 9 月的一天，小娜在放学的路上又开始玩手机，完全没有

觉察到一个男人跟在身后,"走了十多分钟一点没觉察到有人跟着我,突然后面有人撞了我一下,我吓了一跳,一看是一个戴鸭舌帽的男人,但自己也没多想,回到家发现钱包不见了,书包被划了好长一条口子。虽然钱包里面没多少钱,但是想想还是挺害怕的"。

招数4　坐公交车时提前准备好公交卡或者零钱。坐车前将公交卡或者零钱准备好,避免在站台等车时拿出钱包,被扒手盯上。上车前要检查口袋的纽扣或拉链,手机要放入包内,或握在手中。同时,对手拿报纸、雨伞、塑料袋等物品,且多次重复上下车、行为反常的人要特别注意。

(五)遭遇扒窃时应该怎么办?

【警官支招】

招数1　尽量不要大喊大叫。因为你的过激反应会让小偷觉得有危险,他会采取一些措施保护自己,如打你或拿刀子捅你,所以你要做的就是威慑到他,但不能激怒他。那么怎样才能避免过多的伤害和不必要的财产损失呢?其实很简单,遇到小偷的时候,不要惊慌,要知道小偷也是人,他也有心理弱点,他也有害怕的地方,看到胆大冷静的人,他也会知难而退。所以当你确定他就是小偷的时候你不必表现得很畏惧,你可以大方地和他对视。在你们的对视中,他会发现你已经注意到他了。在这种情况下,他一般就不会向你下手了,而你的大方又让他觉得你是个很大胆的人,惹你那简直就是自找麻烦,所以他肯定不会打你的主意了。

【警官举案】

2012年12月,在北京市朝阳区一个超市门口,王女士被三个小偷捅伤。

原因是她在超市门口遇到小偷，但是她很快反应过来，抓住小偷不放，并大声呼喊"抓小偷"。周围群众还没反应过来时，从超市旁边跑过来小偷的两个同伙，王女士仍然坚持不放手，小偷掏出随身携带的小刀将其捅伤后逃跑。虽然事后警方将小偷捉拿归案，但是王女士也受伤住院了。

招数2　如果要喊，也要喊得有技巧。为了你自己的安危，不要一时情急，把小偷逼到绝路上，千万不要和小偷面对面的时候大喊"抓小偷"之类的话，这样很容易激怒小偷，导致他铤而走险伤害你。如果和他是对面，你可以微笑地问他一句："你的手是不是放错地方了？""大哥，别开玩笑了！"如果被扒窃的对象是你的朋友或亲人，那么你就不妨大方地拍拍小偷的肩膀，坦白告诉他，"不好意思啊，大哥，这是我朋友"。这种方式就是给小偷留下回旋的余地，同时又让他摸不清你的身份，要知道，他们多半只是为了取财，他们也害怕遇上比他们更厉害的主儿——不要命的混混。社会上人员复杂，他们哪知道自己哪天遇上的某个人身后就没有对他们有威胁的人物——他们惹不起的人物！

招数3　如果在公交车上发现钱包、手机已经被盗，应该立刻向乘务员和司机反映，要求停车，并拨打110报警，在警察来之前叮嘱司机不要让任何乘客下车。把小偷控制在车内，等待警察到来。不过也有更快捷地找回自己财物的方法，看看下面这个案例：

【警官举案】

牛牛搭上回家的公交车不到10分钟就发现自己的手机被盗了，不过她很快冷静下来，"考虑到车还没有停过站，小偷肯定还在车上"。于是牛牛马上联系了司机和售票员，并拨打了报警电话。司机将车停在第一个站台并关闭了车门。有些乘客开始抱怨要赶时间下车，牛牛想了想，对乘客们说："我不想耽误大家时间，这样吧，大家都把眼睛闭上数10秒钟，希望拿我手机的人能交出手机。"乘客们都同意配合，10秒钟之后，牛牛的手机出现在地上。

招数4 发现被扒窃时尽量不要让扒窃发展成为抢劫。小偷在扒窃时很可能已经被你发现，如果你瞪着他时，他不但没有畏惧收手，反而露出凶狠的目光甚至暗示你他带有凶器时，一定要加倍小心，舍财保命。因为很多扒窃案都是团伙作案，对方一般会有 2~3 个人在不远处接应，他们以女性为目标就是利用了女性较为柔弱，在体力上处于下风的特点。如果作为一个女性，并且你不能保证周围有人见义勇为挺身而出时，记得首先让自己冷静下来，分清形势。要记住一个真理，钱可以再赚，但生命只有一次。如果一旦反抗或者和小偷争夺财物，扒窃就很可能发展为抢夺或者抢劫，女性在这两种犯罪中通常是处于不利地位的，而且，据统计很多女性会因此受伤。

五、女性面对抢劫、抢夺应该怎么办?

抢劫与抢夺都是严重的侵财犯罪行为,女性由于自身的弱势特点,更易成为被抢劫或抢夺的对象。为此,女性在明确怎样才不易成为犯罪分子抢劫、抢夺目标的基础上,也更要掌握遭遇抢劫、抢夺时的恰当处置策略。

(一) 抢劫与抢夺的区别在哪?

(二) 抢劫案件的发案规律

(三) 什么样的女性容易成为犯罪分子侵害的目标?

(四) 怎样才能避免被犯罪分子盯上?

(五) 遭遇抢劫时应该怎么办?

（一）抢劫与抢夺的区别在哪?

抢劫，是指以非法占有为目的，以暴力、胁迫或者其他方法，强行劫取公私财物的行为。抢夺，是指以非法占有为目的，公然夺取数额较大的公私财物的行为。两者都是以非法占有为目的，但是在犯罪构成和量刑上存在很大的差别。

在犯罪构成上主要区别有以下几点：

（1）客观行为不相同。抢劫罪表现为当场使用暴力、胁迫或其他强制方法，强行劫取公私财物，而抢夺罪表现为乘人不备公然夺取数额较大的财物，使他人来不及反抗。当场对被害人身体实施强制手段，是抢劫罪的本质特征，也是它区别于盗窃罪、诈骗罪、抢夺罪和敲诈勒索罪的最显著特点。

（2）客体不完全相同。抢劫罪侵犯的是复杂客体，包括他人的财产权利和人身权利，而抢夺罪则是一般客体，一般只侵犯了财产权利。

（3）犯罪后果要求不同。抢劫罪对财物的数额没有要求，而构成抢夺罪要求抢夺的财物数额较大。根据司法解释，抢夺公私财物价值人民币500元至2000元及以上的，为"数额较大"。

（4）主观故意的内容不同。抢劫罪是希望或准备以武力或类似性质的力量迫使被害人失去财物，是希望在被害人不能反抗或无法反抗的情况下取得财物，而抢夺罪是以突然取得财物的故意实施的，是希望通过趁被害人不备而取得财物，而不是希望通过武力威吓迫使被害人失去财物。

在司法实践中，这两种犯罪的界限有时不容易分清，抢夺罪在一定条件下可以转化为抢劫罪。根据《中华人民共和国刑法》以及最高人民法院《关于审理抢劫、抢夺刑事案件适用法律若干问题的意见》（以下简称《意见》）第五条的规定，抢夺在一定条件下转化为抢劫，具备以下情形之一的，即以抢劫罪定罪处罚：（1）抢夺接近"数额较大"标准的；（2）入户或者在公共交通工具上抢夺后在户外或交通工具外实施上述行为的；（3）使用暴力致人轻微伤以上后果的；（4）使用凶器或以凶器相威胁的；（5）具有其他严重情节的。《意见》第十一条还专门规定了驾驶机动车、非机动车夺取他人财物的行为，具有以下情形之一的，应当以抢劫罪定罪处罚：（1）驾驶车辆，逼挤、撞击或者强行逼倒他人以排除他人反抗，乘机夺取财物的；（2）驾驶车辆强抢财物时，因被害人不放手而采取强拉硬拽方法劫取财物的；（3）行为人明知其驾驶车辆强行夺取他人财物的手段会造成他人伤亡的后果，仍然强行夺取并放任造成财物持有人轻伤以上后果的。

女性作为社会弱势群体，很容易成为犯罪分子抢劫锁定的目标。据统计，在 18～25 岁的女性群体中，最容易发生三种犯罪，分别是强奸、抢劫和盗窃，受害者尤为集中在单身女性中。在实践案例中，抢劫单身女性犯罪成功率较高，很多抢劫中女性都遭受到了强奸、灭口等不同程度的伤害。

（二）抢劫案件的发案规律

1. 抢劫发生时间

夏季夜深较晚，人的熟睡时间多在凌晨 2 点至 3 点，因此夏季入室抢劫多发生在凌晨 2 点至 3 点，并伴有性侵害。冬季入室抢劫多发生在深夜 0 点至凌晨 2 点。室外抢劫多发生在凌晨。

2. 抢劫多发地点

（1）城市周边的老式建筑街道或者楼道是抢劫多发地之一。因为城市周边房价和租金较为便宜，成为很多刚工作的单身女性的首选，然而老城区人员密集的公园和其他场所较少，相应公共设施不齐全，犯罪现场多无路灯或者灯光昏暗，来往人员稀少，为犯罪分子提供了可乘之机。

（2）具有电梯的高层楼房是抢劫多发地点。因为此种类型的楼房一般是一梯几户，且一般都相互不认识，给陌生人进入提供了机会。除了小区大门口有监控以外，有些小区电梯都没有监控，楼层更没有。消防通道长期没有灯光，且直通地下室，犯人作案后容易迅速撤离。

（3）银行等金融机构门口。抢劫刚从银行取钱出来的人对犯罪分子来说犯罪成本较低，成功率较高，特别是单身女性带着包从银行出来，犯罪分子认为肯定带有大量现金。

（4）单身女性家中也是抢劫发生地之一。部分犯罪分子利用单身女性熟睡之际，入室进行抢劫，有时甚至见色起意，进而引发强奸。

（三）什么样的女性容易成为犯罪分子侵害的目标?

1. 社会交际面复杂，经常出入娱乐场所的女性

抢劫女性，特别是入室抢劫女性，有很大一部分不是陌生人作案，据统计只有49.8％的抢劫对象是完全不认识的人，其余的大多有交际，不是很熟就是刚认识。

【警官举案】

小李从小是独生女，家境不错，父母特别溺爱，小李高中之后就辍学了，自己在外租了一套公寓居住，经常和社会上一些闲散人员来往，去KTV、酒吧更是经常的事。一天，小李凌晨2点从酒吧出来，刚要打车，被三个戴着面罩的男青年拦住，其中一个拉起她的包就跑。小李被吓呆了。他们抢走了

苹果手机一部，现金两千多元。事后，抢劫者被抓获，小李才发现其中一个就是自己不久前在酒吧认识的"王哥"。原来"王哥"认识小李后打听到其有些钱，又是一个人住，就动了歪心思。

【警官析案】

本案中的罪犯和受害者在酒吧刚刚认识，由于小李无意间透露了自己的底细，招致对方起了歹心，因此警示各位单身女性，不宜经常和社会闲散人员来往，这无形中会使自己成为他们抢劫的目标。

2. 衣着较少的女性

夏季发生抢劫案的数量远远高于冬季，分析其原因，夏季衣着较少，财物很容易外露，如手机等，犯罪分子往往抢夺不成就演化为抢劫。加之女性独自一人，往往不是男性犯罪分子的对手，使抢劫更容易得手。因此，女性一个人外出时尽量不要穿行走不便的高跟鞋，也不宜穿过分暴露的裙子、紧身衣裤等，以免惹人注意。

3. 上下班时间特殊并且有规律的女性

【警官举案】

张某 16 岁就开始独自在外打工，一开始是在超市做收银员，挣的不多。后来张某经人介绍，去了某 KTV 打工，挣的虽然比以前多，但是上班时间多在晚上 9 点到第二天早上 5 点之间。"当时觉得这个时间也没什么，大不了改一下作息，白天睡觉，晚上工作。而且很多女伴都在那儿上班，大家之间也有商量过搬到一起住，但是后来种种原因没有达成一致。我就在城边租了一套老式房子，一个月一千多元的房租倒也能承受"张某没想到自己早就被犯罪分子盯上了，4 月份的一天，张某凌晨 3 点下班，在回家的路上遭遇抢劫强

奸，被抢手机一部，现金 600 多元。

【警官析案】

上下班时间有规律本来是件好事，但如果上下班时间特殊并且有规律就很危险了，犯罪分子往往实施观察，有计划地进行抢劫。因此，深夜上下班的女性最好能够结伴而行，或让家人接送。

（四）怎样才能避免被犯罪分子盯上？

【警官支招】

招数 1　避免去偏僻人少的地方居住。很多女性由于刚工作，为了省钱，多去城郊或者老城区租房居住，在这些地方居住的很多是社会闲散人员，加之公共设施不齐全，路灯昏暗，道路狭窄，报警后警察也不能及时赶到。这就很容易成为犯罪分子理想的作案场所。建议女性尽量避免去这些地方，应选择有路灯、人多热闹的街道通行，不要紧靠路的两侧行走，对路边的黑暗处要有所戒备。租住可以选择几个人一同租住在设施较为齐全的地段。切记安全比省钱更为重要。

招数 2　行走偏僻路段要结伴而行。为什么女性会成为被侵犯的高发人群呢，很大一部分原因是犯罪分子也喜欢"软柿子"，他觉得作为一个男人，肯定能制服一个柔弱的女性。而且事实上，男性的力量确实大于女性，一个女性反抗一个同等体格的男性是很难成功的。在此情况下，女性就要尽量避免一个人在一些特殊的时段（如半夜），在一些特殊的地段（如小巷子里）独自行走或者打电话。

【警官举案】

小郭从乡下来到深圳，是一家海鲜餐馆的服务员，这家餐厅生意火爆，每天都营业到凌晨三四点。小郭的出租屋离餐馆有一段距离，以往都是小郭一个人走回家。7月份的一天，她下班后正走在回家的路上，隐隐觉得身后有个男的一直尾随她，她灵机一动，看见不远处还有一个女生，她立刻跑过去装作认识对方一起走，走了几百米再回头看时，发现那个尾随的男人不见了。从此以后，小丽每天下班都尽量和同事一起回家。

招数3　外出不要暴露自己携带的钱财、尽量不戴或少戴名贵的装饰品。女性一般都习惯随身带上一个背包或者挎包，既美观，也方便携带东西，但这从另一方面也为犯罪分子提供了可乘之机，因为犯罪分子很容易利用自己的力量将包直接抢走，如遇反抗，甚至使用暴力伤害当事人。

【警官举案】

前些年，一些女性流行佩戴大圈的金耳环，十分洋气，但是警方发现多起案件中犯罪分子都是骑摩托车直接去拉扯当事人的耳环，幸运的只是耳环被抢走，不幸的连耳朵都被扯伤，现场十分血腥。

【警官析案】

女性要注意，贵重装饰品尽量不要佩戴在显眼的地方，如硕大的金耳环、金手镯等，这样避免自己成为潜在的受害者。

招数4　随身携带一些必要的武器。女性随身携带的包其实除了化妆品还可以装上一些必要的"武器"，如辣椒水、防"狼"喷雾器等，它的作用是能立刻制止对方所有动作，使对方出现暂时性的失明，呼吸道极度难受，但同时不会真正给对方带来伤害，免去了法律责任。这些小东西并不贵，从几块钱到十几块钱都有，但所起的作用是很大的。在国外，八成以上的女性都带有防"狼"喷雾器，建议国内女性也携带。

招数5 晚上骑自行车、电动自行车回家的人，手提包不要放在车篮里面，如果东西太多一定要放，那么把手机、钱包等贵重物品放在贴身的口袋里。在路上要多看前面路边情况，如果发现前方有些闲杂人站在路边，那就要多注意一些。特别是一些小巷路口前十多米地方出现的闲杂人，那些人多数已经选择好行凶以后的逃跑路线了，才会在那种地方出现。

招数6 贵重首饰尽量不佩戴，手机不要挂在胸前，背包应斜挎肩上，不要旁若无人地接听手机电话，走路要走人行道，要随时注意身边有无可疑人员，一旦有摩托车或面包车经过你身边，要及时躲避。

招数7 开车的单身女性在遇到"碰车"团伙时，要冷静处理。"碰车"团伙一般由几人配合作案，一般先由一人开摩托车故意撞车，待驾车人下车查看原因时，其他人快速打开副驾驶门，将放在车上的贵重物品抢走。

（五）遭遇抢劫时应该怎么办?

【警官支招】

招数1 不要大声喊叫，弃财保命是关键。遭遇抢劫时，千万不要和犯罪分子硬碰硬，因为根据心理分析显示，犯罪分子在实施犯罪时内心是极度紧张的，遇到反抗时可能会狗急跳墙伤害被害人。在此种情况下，被害人应当及时妥协，交出财物，如果情况允许要记清对方的车牌号码、车型、车颜色以及犯罪分子的外貌、服饰、体型、口音等特征，要设法取得犯罪分子的作案物证，并尽快报案，协助公安机关迅速追击罪犯。

【警官举案】

钱某在回家途中遭遇抢劫，犯罪分子拿刀胁迫其交出手机和钱包，钱某不肯交出，双方僵持时钱某开始大喊救命，结果被犯罪分子用刀捅成重伤。犯罪分子被抓获后供认，他之前用同样的手段抢劫过 5 个单身女性，但都没有伤害她们。正是钱某不恰当的举措激起了犯罪分子的愤怒，捅伤了钱某。

招数 2 不要惊慌，及时报警。遇到抢劫后，一定要迫使自己冷静，如果不能逃跑，尽量不要反抗犯罪分子，交出财物后，记下犯罪分子的长相、穿着、口音等特点，待犯罪分子离开后及时报警，避免犯罪分子继续危害他人。而且，犯罪心理学研究表明，当罪犯侵犯的是一个惊慌失措、胆小的女性时，反而会刺激他更肆无忌惮地实施犯罪；当犯罪分子遇到一个从容冷静的受害者时，他反而会有所忌惮。

【警官举案】

小张深夜一个人从夜宵摊上回家，遇到抢劫，"当时心里特别害怕，叫都叫不出来，我一直默默告诉自己要冷静，他拿着刀要我把钱拿出来，我没有犹豫，趁他拿钱的时候仔细看了一眼，是一个留着小胡子的年轻人，大概二十多岁，东北口音"。犯罪分子见小张没有反抗自己也顺利拿到钱，立马跑掉了。之后凭借小张提供的线索，警方很快锁定了嫌疑人，破获了此案。

招数 3 不要过多和犯罪分子交谈，避免刺激犯罪分子。犯罪分子在实施犯罪时，心里往往十分紧张，此时受害者应该按照犯罪分子的指示行事，不要犹豫啰唆，过多的言语反而会刺激犯罪分子，导致更为严重的后果。如果身上有财物，就不要说"没钱"、"不能给你"之类的话。生命是比任何财物都更为重要的东西，钱可以再赚，生命却只有一次。将财物交给犯罪分子之后，不要立刻就大喊大叫，要善于迷惑犯罪分子，让他以为你已经被吓住。

招数 4 万一起了冲突，注意采用恰当的方式保护自己。如果已经和抢

劫的犯罪分子起了正面冲突，作为一个女性，应该如何应对呢？要尽量向犯罪分子靠近，因为靠得越近力气越大，然后抓起地上的土、灰就往犯罪分子眼睛里丢，乘机逃跑。这招是万不得已时才用，因为如果犯罪分子手上有凶器，万一没眯住眼睛，受害人的危险就很大了。当抢劫犯从背后劫持住受害者时，如果女性穿的是高跟鞋，那么应立刻退后一步，使劲全身力气用高跟鞋踩犯罪分子的前脚掌，这一脚下去是非常疼的，乘犯罪分子疼痛得弯腰、松手，赶紧跑，切记往人多的地方跑。

【警官举案】

小赵家住在农村，一天在回家的途中遇到一个男人要抢她手里的包袱，小赵不愿意松手，歹徒掏出匕首准备伤害她，小赵立刻蹲下抓起一把土就丢向歹徒的面部，歹徒一下捂住了眼睛。小赵一看旁边正好有个化粪池，于是使劲将歹徒推了进去，自己跑回村子叫人。等大家赶到的时候，歹徒刚从粪池里爬出来，满身臭味，大家将他围起来，直到派出所民警赶到。

六、如何防止自杀行为?

　　德国哲学家叔本华有一个经典的论述：当一个人对生存的恐惧大于对死亡的恐惧时，他就会选择自杀。据北京心理危机研究与干预中心统计，我国每年自杀死亡的人数约为 28.7 万人，自杀未遂者更高达 200 万人次。其中，15～34 岁的青年人在自杀者中占 47%，60 岁以上的老人占自杀者的 29.72%；可以说青少年、老年人是自杀的高危人群。自杀已经成为中国人第五大主要死因，是 15～34 岁人群的首位死因。此外，单身女性的自杀也日益增多，越来越引起社会的广泛关注。

　　（一）为什么会有这么多人自杀？

　　（二）发现身边的人有自杀的危险时应该怎么办？

　　（三）有自杀倾向时如何进行自我调节？

（一）为什么会有这么多人自杀？

精神疾病是导致女性自杀的主要原因。改革开放 30 多年以来，我国社会经历了一个急剧变化的时代，每个人都会有前所未有的紧张感和压迫感，这使得许多人产生心理问题，进而发展成为精神问题。中国疾病预防控制卫生中心 2009 年初公布的数据显示，我国各类精神病人数在 1 亿人以上，其中，重性精神病已超过 1600 万人。社会的高压使得许多女性身心俱疲，甚至感觉自己无法融入社会，长期的压抑和受挫会使一些女性精神崩溃，感觉度日如年，生不如死，最终选择自杀来寻求解脱。

【警官举案】

2012 年 6 月 7 日，某市一个派出所接到报警称，有一女孩在县城中心桥附近落水。接到报警后，该所 4 名民警立即赶往现场施救。当民警到达现场时，现场已有五六位热心群众正在用绳索等工具对落水女子进行施救。约 20 分钟后，在民警和群众的共同努力下，该女子被成功救起，民警随后将她送回家中休养。据调查了解，落水者李某系外来务工人员，25 岁，因与男友分手，感情受挫承受不了压力，进而产生了投河轻生的念头。

【警官析案】

从上述李某的案件可以看出，在现代社会中，感情问题往往困扰着女性。像李某这样的外来务工女性，在社会中不仅要承受巨大的生存压力和工作压力，而且还经常受到情感的困扰。女性在情感方面往往比较敏感、脆弱，心理承受能力较差。感情一帆风顺还好，如果一旦出现波动或者挫折，她们往往会悲观失望，惶恐不安，意志消沉，有些人甚至会做出过激的行为来逃避

现实问题。尤其是在现代中国社会，家庭、婚姻问题比较突出，使得女性恐婚现象越来越严重。中国社会工作协会婚介行业委员会与百合网 2012 年 4 月联合发布的《广州市婚恋状况调查报告》，对广州 1622 名单身人士的择偶观、恋爱观、婚姻观进行了问卷调查。本次调查女性占 50.7%，男性占 49.3%；未婚 76.7%，离异 21.1%，丧偶 2.2%；"80 后"及"90 后"占 65%；近 80% 拥有大专以上学历。报告显示，逾三成广州女性"恐婚"，比"恐婚男"多一成。

在情感问题中，困扰女性最多的莫过于爱情问题，李某的自杀就是因为失恋。当爱情来临的时候，女性往往沉浸在幸福和欢乐之中，爱幻想，爱憧憬。在现实中，一旦出现爱情危机，就会产生极度失落的情绪，失去理智，导致悲剧的发生。

身体疾病也是导致女性自杀的常见原因。虽然我国医疗水平不断提高，医保制度逐渐完善，但是仍有一些难以治愈的疾病，如癌症、艾滋病等。身患一些难以治愈的疾病，包括一些慢性病，往往对女性患者造成巨大的心理压力，甚至导致其精神崩溃。此外，还有一些因意外事故导致躯体残疾的女性，无法面对残酷的现实，为摆脱痛苦而自杀。

【警官举案】

韩国著名女星崔真实当年凭借《星梦奇缘》中的倔强贫穷少女角色成为现实中的灰姑娘化身。2000 年，崔真实与棒球运动员赵成珉结婚并育有一子一女。据说赵成珉的脾气暴躁，崔真实怀孕时，他还经常打骂崔真实，甚至将她推落楼梯。2004 年，崔真实因为不能忍受家庭暴力与丈夫离婚。2008 年 10 月 2 日，因精神压力巨大，深受谣言困扰，崔真实在其住所浴室上吊自杀，终年 40 岁。家庭暴力和社会舆论谣言摧毁了这个女人的一生。

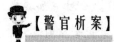【警官析案】

从崔真实的例子可以看出,家庭暴力给女性造成极大的身体和精神伤害,因为家庭暴力而离婚的女性往往会受到巨大的心理压力。离婚意味着家庭的破裂,它会给夫妻双方尤其是女性带来难以估量的心理创伤。

第一,自卑感。由于社会对离婚的传统偏见,在现代社会中依然有许多人对离婚不管不问,一概归罪于女人。即使女人是离婚的受害者,也经常被周围的人指责,甚至遭到嘲讽,这样会使离婚女人的自尊心受挫、声誉受到侵害,在人前抬不起头来,背上低人一等的自卑的沉重心理包袱。

第二,失落感。离婚后,女人的社会心理需求得不到满足,失去了家庭成员之间的关心和爱抚,享受不到家庭的温馨柔情,因而极易产生失落感,导致心理脆弱而逃避人生。

第三,孤独感。离婚暂时解决了眼前婚姻生活的矛盾冲突,会获得暂时的安全感。但是,过去的家庭人际关系崩溃之后,意味着女人失去了群体生活,多数会产生凄凉、孤独的感觉。女性在离婚时精神上的痛苦会达到顶点,会惶恐不安。

社会心理因素的变化也是导致女性自杀的重要原因。其中最主要的有家庭矛盾、婚姻危机、感情受挫、下岗失业、经济损失等。一旦碰到这些变故,那些具有抑郁、自卑、依赖、狭隘、悲观敏感等性格缺陷的女性就会产生自杀倾向。女性的心理承受能力较弱,当变故发生时,往往不能及时调整自己的心理状态,情绪失控,精神随之萎靡不振,进而轻生厌世。

【警官举案】

王雪是某理工大学一名大四的女学生,时年23岁。在校期间学习成绩优异,已经被学校评为优秀毕业生。在即将毕业之时,她决定要做一次毕业旅行,以此来纪念美好的大学生活。可是在旅行途中,王雪所坐的大巴车因为

司机疲劳驾驶而发生翻车事故。王雪不幸受伤，左腿被截肢。面对突如其来的打击，王雪在医院病床上用刀子割腕企图自杀，幸亏被值班护士及时发现，才避免了更大悲剧的发生。

【警官析案】

类似王雪的事件近年来屡有发生，大学生本来是国家的栋梁，经过四年大学的学习，怀揣着美好的理想进入社会，踏上工作岗位，实现自身的人生价值。这本来是很正常的事情。可是，意外事故的发生却改变了他们的人生轨迹。上述案件中，我们可以看到王雪本来会有一个很好的前途，可是车祸改变了这一切，不仅致使她身体残疾，最重要的是对她的心理造成了巨大的伤害。

都说身残志不残，其实一旦遇到变故，大多数人总是无法接受现实，心理会变得相对脆弱敏感，会变得自卑，产生孤独感。由于生理或心理上的缺陷，使他们在学习、生活和就业等方面遇到很多的困难和挫折，得不到足够的关心和帮助，有时候甚至会遭到歧视、厌弃，长此以往就会产生自卑心理，对生活失去信心。女性在社会中本来就处于相对弱势的地位，一旦身体致残会带给她们更大的创伤。无论是肉体上还是精神上，她们都要承受巨大的痛苦，这样往往会导致她们产生自杀念头。

（二）发现身边的人有自杀的危险时应该怎么办？

自杀作为一种社会现象，古今中外都是普遍存在的。在现代物欲横流的社会中，由于科学技术飞速发展和社会状况的迅速变化，给人们的精神生活造成巨大的压力。人际关系的淡薄冷漠和精神生活的匮乏，严重地影响着人们的身心健康。但在人们的心中，对于自杀现象有很多问题：他们为什么自

杀？面对有自杀念头的人，我们能做些什么？怎样才能挽救他们？能够提前识别出潜在的自杀者吗？等等。

1. 如何甄别潜在自杀者

从当事人的行为和既往史中寻找线索：行为孤僻内向，不能很好地处理与亲戚朋友的关系；焦虑或惶恐；患有精神疾病，尤其是患有抑郁症；酗酒、酒精中毒；性格分裂；显现冷漠、悲观抑郁情绪；生活习惯发生明显改变；自杀未遂；自我否定，无价值感，有犯罪感或羞耻感；近期发生重大变故，如分居、离婚、亲朋好友死亡等。

2. 女性自杀前的危险征兆

女性自杀前的危险征兆主要有：以前有过自杀未遂；无缘无故将自己的东西尤其是最珍贵的东西送人；流露出悲观失望以及对自己或社会绝望的情绪；经常谈论死亡；收集与自杀方式有关的资料；谈论自己现有的自杀工具；使用或增量使用成瘾物质；抓伤或划伤身体，或者有其他自伤行为；有条理地安排后事；躯体症状，如失眠或睡眠过多，月经不规律，无动于衷；近期有家人或朋友或自己崇拜的偶像、明星死亡或自杀；或其他丧失（如由于父母离婚、失去父亲或母亲）；学习成绩突然显著下降或提升；逃避或者离家出走；等等。

3. 如何评估自杀危险

当怀疑身边的女性有自杀的可能时，需要对当事人进行下列评估：当前的精神状态和关于死亡、自杀的想法；当前的自杀计划包括当事人准备怎样自杀，打算何时采取行动。事实上，她非常感谢有人能与她开诚布公地讨论这一问题，因该问题已在她内心挣扎良久。鲁迅在《论人言可畏》的杂文中也曾经说过："然而我想，自杀其实是不很容易，决没有我们不预备自杀的人所藐视的那么轻而易举的。"企图自杀者在痛苦、矛盾、挣扎过程中，外在的真诚、真心的关怀，对她将是莫大的帮助。当事人感觉你能理解她时；当事人提及她的情感并无不适时；当事人正在倾诉的孤独、无助等负面情感时，这些是我们向其询问她是否有自杀倾向的良好时机。

有了恰当的询问时机还不够，最重要的是问什么。首先我们需要了解此人是否有明确的自杀计划：是否有自杀的想法；是否已想好怎样实施自杀的计划；是否已选定自杀方法；有没有准备自杀工具或者已经准备了哪些自杀工具；是否已选定了合适的自杀时间，准备什么时候采取行动；等等。所有问题必须用真心实意的关心、同情的语气提问。

和可能自杀的人讨论自杀问题，可以及时发现她的自杀企图，使她觉得有人关心、理解、同情和支持，她不是孤单无助的一个人，痛苦、失败、疾病等不是她一个人在支撑。当然，这种讨论不应涉及自杀的方法，更不要评述哪种自杀方法容易致死、哪种方法痛苦较轻之类的问题。

4. 帮助有自杀倾向女性的要点

【警官支招】

（1）作好被拒绝的心理准备。有心理危机或者自杀倾向的人对他人的帮助会自发地产生抵触心理，尤其是经过了生与死的矛盾冲突之后而自杀意愿更加坚决的时候，这种抵触、拒绝的心理会更明显。遇到拒绝是很正常的，这只是她们在特殊时期的本能反应，而这种拒绝也并不是针对你本人。

（2）明确表达出你的关心。了解她们目前面临的困难和挫折，以及困难给她们带来的痛苦和影响，鼓励她们向家人、好友等值得信任的人倾诉和寻求帮助，让她们真正认识人生的价值和意义，也真正认识自杀对家人、好友、社会所带来的负面影响。

（3）少说话、多倾听。倾诉是最好的良药。要善于给她们一定的时间说出内心的感受和困惑，不要打断，耐心倾听；也不要急于劝告，也不要急于找出一些避免自杀的办法。

（4）不要担心她们会出现强烈的情感反应。情感爆发或哭泣会利于让她们的压抑、痛苦等情感得到释放。此时要保持冷静，要接纳，不做评判，也不要试图说服她们改变自己内心的感受。

（5）要有耐心。和企图自杀者进行沟通最需要耐心。交谈不顺利是很自然的事情，不要因为交谈的不顺利而轻易放弃。要在不断观察、试探中选择突破口，要允许谈话中出现沉默，沉默是思考和选择的过程，沉默之后或许会有重要的信息或转折。

（6）对她们说真心话和实话。企图自杀者因为情绪、心理等方面的变化会导致言谈举止的一定变化，如果她们的言谈举止令你惊讶甚至害怕，要直截了当地告诉她们自己的真实感受。如果你感到担忧或不知所措，也要直截了当地向她们说明，不要假装没事、假装悲伤、假装愉快或假装一切都能掌控。

（7）相信她们所说的话。任何自杀迹象均应认真对待，不论她们用什么方式流露。即使是为达到某些目的而以自杀相威胁，如为了挽救恋爱关系、为了讨要工资待遇等，也不要想当然地认为这样威胁的人不会真正自杀。事实上，大量的自杀身亡者曾经威胁过别人或者对他人公开过自己的想法。

（8）询问她们是否有自杀的想法。不要害怕询问她们是否考虑自杀会促使她们自杀，这样关心的询问反而可能会挽救她们的生命。事实上很多人并不想死，她们只是想要逃离那个令人无法忍受的境遇、痛苦、折磨、疾病，大部分曾经有过自杀念头的人现在都很高兴地活着，而且活得非常精彩。

（9）不要认为有自杀意念、自杀未遂的人不需要精神医学干预，特别是不需要使用精神药物。有自杀意念、自杀未遂的人非常需要精神医学干预，有的还需要精神药物。同时，也不要想当然地认为危机的度过意味着自杀危险的消失。危机的度过是暂时的，自杀的危险仍然存在。因为只要现实问题仍然存在，自杀的意念没有完全消除，那么危机的度过只是自杀者表面上的"平静"，而这个时候却正是自杀最危险的时机，此时更要提高警惕。

（10）不要为有自杀想法的人保密，也不要答应为她保密的请求。要及时让她的亲人知道，并协助她的亲人一起给予她及时的关心和帮助。亲人、朋友和社会的关心与帮助会让她感到温暖，燃起希望，坚强地面对现实，顽强地活下去。

（11）如有自杀的风险，要尽量取得更多的帮助，共同承担帮助她的责任。可以提供帮助的既包括消防、医疗、心理机构等，也包括企图自杀者的亲属和朋友。

（12）以真诚和耐心让企图自杀者相信别人是可以给予帮助的，并鼓励她寻求他人的帮助和支持。如果你认为她需要精神科专业的帮助，也要及时向她提供相关精神专业机构信息。要在交谈过程中不断给予她希望，让她既知道困境、痛苦等都是暂时的，也要让她知道不是她一个人在努力，亲朋好友、国家、社会都会积极地帮助她，明天的生活会更精彩。

（13）由于对精神科专业的错误理解和认识，包括企图自杀者在内的很多人都对精神科恐惧或担忧，此时要耐心地倾听她的担心，告诉她大多数处于这种情况的人需要专业帮助，心理与精神疾病更需要专业治疗，也要耐心解释你建议她见专业人员的原因，不是你对她的事情不关心而是专业人员会提供更好和更有针对性的帮助。

（14）如果你认为她即刻自杀的危险性很高，要立即采取措施：不要让她独处，要让亲朋好友陪伴她，和她沟通；去除自杀的危险物品，如将安眠药、毒药、剪刀、水果刀、绳子等危险物品从她的身边移开或保管好；将她转移至安全的地方；陪她去精神心理卫生机构寻求专业人员的帮助。

（15）如果自杀行为已经发生，立即采取有针对性的科学措施，包括寻求紧急救治和报警。对于服毒自杀的，要快速用救护车将其送往医院，同时要在现场搜索毒物或装毒物的瓶子和其他容器。如果发现了，就通过电话告诉医生毒药的种类，以使医生知道该如何有针对性地解毒救助；对于割腕自杀者，首先要用干净的手巾或布条止血，如果遇到反抗，要立即采取措施制止，如在现场能找到胶带制止就更好了。如果自杀者还想死，要把所有可能用来自杀的物品从她的身边挪走。止血后要迅速将自杀者送往医院救治；对于开枪自杀者，要立即止血并把武器从她的身边挪走，寻求急救；对于上吊自杀者，要立即割断绳索放下人，让其平躺，然后把手绢放在她嘴上后，低下身进行人工呼吸抢救。

（16）和企图自杀的女性要不断地进行交谈，在每次交谈结束时，都要鼓励她再次与你或者其他亲朋好友以及专业人员讨论相关的问题，并且要让她确切地知道你或者其他亲朋好友以及专业人员都愿意继续帮助她，都是她的坚强后盾。

5. 女性自杀的心理救助

自杀是一种对环境不适应而产生的应激性反应，是为应付心理危机而采取的一种极端手段。如果一个人在危机阶段能及时得到适当有效的干预治疗，不仅会防止危机的进一步发展，而且可以帮助当事人学会应付心理危机的技巧，恢复心理平衡甚至达到比危机前更稳定的心理状态，这样就可以使危机变成人生的一种机遇或转折点。在发现女性有自杀倾向时，可以做一个紧急时刻的危机干预者，我们可以运用以下策略：

【警官支招】

招数 1　要消除她的负面情绪。利用适当的言语沟通技巧，减轻她心理冲突所引起的负面情绪，使其倾诉，把压抑的情绪释放出来。我们要掌握其心理，了解她自杀的原因，同时要具备良好的语言沟通能力，促进思想情感的交流沟通，增强对方的信任感，采取适当的方式激发其求生的欲望，以顺利度过危机期。自杀未遂后，有的表现为抑郁沉默，有的表现为精神失常、

歇斯底里、哀号哭泣等，我们要给予其表达自己情绪的机会，同时诱导她主动宣泄情感。等到她情绪稳定时，指导她当有心事、矛盾、困难时，可以找亲朋好友或信任的、熟悉的、通情达理的人倾诉，也可以求助于心理医生。一方面达到宣泄的目的，另一方面又可获得亲人或熟人的帮助，从而作出正确妥当的选择和处理。

招数2　要表达尊重理解。尊重她的感情、人格、志向，不要伤害其自尊心。我们不应歧视她，而应为其战胜了自我感到高兴。应和她建立一种良好的、平等的关系，根据不同的年龄、性别、个性等特点，细心观察其心理反应，分析其心理状态，使心理问题在友好协调的转移中得到解决，使其增加重新生活的希望和勇气。

招数3　引导她正确地对待失败和各种心理压力，树立正确的人生观和价值观。人在一生中要处理无数大大小小的事情，不可能事事得当，一帆风顺，出现一些困难、挫折是在所难免的。树立正确的人生观和价值观，增强社会适应能力，坦然地面对突如其来的失败和各种心理压力。面对失败，不退缩，不悲观失望，也不必过分忧伤，只要吸取教训，总结经验，所谓"吃一堑，长一智"，在失败中成长、进步，做生活的强者。

招数4　纠正错误的认知。在和她建立了良好的关系并且了解了她企图自杀的原因之后，可以适时地了解她的认知模式是怎样的。良好的认知模式能让人正确地对待生活的不如意，把失败挫折当作成功的动力。而不良的认知模式会把各种不顺利都归结为自己的命运，遇到重大挫折就一蹶不振，如"绝对化"、"概括化"或两者交替的错误认知。绝对化是指对任何事物怀有认为其必定如此的信念，如失恋之后往往认为"我做任何事都注定失败"、"周围的人肯定不喜欢我"；概括化是指以偏概全，以一概十的不合理思维方式，常常使人过分偏注某项困难而忽略除此之外的其他解决方法，如"我这次考试没有考好，没有达到爸爸要求的优秀，爸爸一定不会饶恕我，永远不再爱我"，"我有缺陷，别人都瞧不起我"。因此要在了解她是怎样思考自己遇到的不顺、困难等问题后，纠正她的消极不良的认知模式，引导她积极健康地思考人生，正确地看待生活。可以给她举一些积极向上的正面的例子，让她看到自己的"命运"并不是那么不好，很多遭受更大挫折的人也是可以积极健康地面对生活的。

6. 女性精神病人自杀的预防

近年来，在女性自杀的比例中，精神病人自杀占据了很大的比例，给社会带来了很大的负面影响。在女性中，精神病人是特殊的群体，由于长期受到精神疾病的困扰，她们往往不能自控，很容易犯病，做出一些冲动、反常或出格的行为，危害自己或者他人。因此需要特别对女性精神病人进行分析，找出针对她们自杀的适当的预防措施。

女性精神病人自杀的原因有以下几种：抑郁症，包括情感性精神病抑郁发作和继发性抑郁发作；精神分裂症，包括伴随抑郁情绪和受幻觉妄想的支配；冲动性自杀；癔症性精神障碍；人格障碍；酒精中毒和吸毒；等等。正确地诊断和积极地治疗是最好的预防措施。

【警官支招】

在治疗未起作用之前，需要护理人员和亲属对患者进行严密监护。具体做到以下几点：

（1）对女性精神病患者应争取早期治疗，以尽快控制精神症状。

（2）对有严重自杀倾向的病人，需进行适当的约束，必要时由专人看管、强制约束，使病人24小时不离看护人员的视线，使其无机可乘。

（3）处方药物只能限于几天的量或由家属保管，防止病人用药物自杀，同时也要保证病人按时按量服药。

（4）把危险品（如刀、绳、剪等）收藏保管好，以避免病人利用这些器械自杀。

（5）严密观察恢复期的病人，按时按量服药，加强交流沟通。有些病人虽然病情好转，但由于社会的歧视、就业的困难以及其他精神刺激等，仍然可能出现自杀，且自杀率较高。所以，对恢复期的病人也应多加注意，减少不良的精神刺激，严防她们自杀。

（6）多与病人交谈，给予病人生存的希望。要让病人表达出她们的不良情绪、自杀的冲动和想法，使内心活动外在化，这样既可以产生疏导效应，使患者明白，她正在患病，她的自杀想法源于其自身的疾病。同时要向患者指出，患这类病的不只是她一个人，病是可以治好的；也要向患者表明，亲朋好友和医护人员以及国家和社会都随时准备帮助她，希望她积极配合，早日治愈。

（三）有自杀倾向时如何进行自我调节？

轻生自杀是对现实困境的逃避，是有意识地对生命的自损行为。它往往是经受了长期难以忍受的精神痛苦和折磨以后而作出的最终行为的选择。人生当中总会经历各种困难和挫折，各种变故常常在不经意间降临，在逆境之中，我们要勇敢坚强，尤其要注意避免心理的重创，防止轻生念头的产生。首先要拿出生活下去的勇气，尊重生命，尊重自我价值，积极地通过自我疏导，控制和调节自己的心理与情绪，采取必要的自我保护措施，从而避免走向绝路。

【警官支招】

招数 1 宣泄。消极情绪的长期深度压抑是心理扭曲的根源，往往也是迈向轻生的第一步。在遭受挫折以后，消极颓废、离群索居、郁郁寡欢是非

常有害身心健康的。这种封闭性的状态只会增加自己的烦恼和伤心，并且很容易陷于不能自拔的恶性循环之中。为了消除内心的不安和恐惧，保持心理的健康，可让消极冲动的感情洪水有一个排泄口，采取合理的、适当的开放性方式，如看电影、旅行等能够放松身心的活动，或者找亲朋好友聊聊天，倾诉一下内心的烦恼，倾泻出受压抑的情绪，以求得外界的帮助。这往往能增强自我认知，获得自信感，从而缓解负面激烈情绪的冲击。

这里须注意的是，不能不分是非地任意发泄自己的不痛快、不满意，更不能采取违反社会道德规范和法律规范的攻击性行为。因为人在遇到挫折后一般会采取攻击行为，攻击的对象可能是自己，也可能是他人。任何不恰当的宣泄行为，不仅不能消除抑郁的情绪，反而会增加烦恼，对社会和他人造成负面的影响。因此，必须在社会道德和法律规范的框架内，合理宣泄自己的负面情绪，积极地调整自己的状态。

招数2 代替。人的行为是在认识的指导下进行的，当生活中出现重大变故或者当目标的实现受到挫折时，首先要善于控制情绪，尽量保持理智，冷静分析，全面权衡得失，看目的是否适宜合理。然后，根据客观情况及时改变和调整，尽量以其他能获得成功的活动来代替，借以弥补因一时的失败而丧失的自尊心和自信心。

其次，要认识到人生在世不可能是一帆风顺的，就像大海总有风浪，就像山路总是崎岖不平，每个人或多或少都要遇到不同程度的困难挫折。天灾人祸、生离死别，有些事是在所难免的，要有经得起这些突发变故打击的充分心理准备，要学会应付这些不测事件的方法。培养自己坚强的性格和毅力，要学会适应环境、适应社会，在困难面前保持一颗平常心。重新设定自己生活的目标，给自己的人生重新定位，以百折不挠的精神去工作和生活。正所谓"塞翁失马，焉知非福"，一件或者几件事情不如意，不代表你整个人生的失败，不能妄自菲薄，不能武断地自我否定。相反，要积极地去面对，并且可以努力通过其他途径获得属于自己的成功，不断激励自己走出困境。

招数3 升华。将不被社会所认可的动机或欲望加以改变，并以符合社会标准的行为表现出来的时候称为升华作用。也就是说，一个人的行为不为逆境所左右，要善于变不利为有利。人的行为和活动总是由某种需要引起的动机所驱动的，但动机要受到特定社会历史条件和法律、道德等规范约束，一旦发生矛盾，绝不能消极颓废、放任自流，必须将自己的情绪引导到正确的方向上，变不良情绪为积极情绪，使之升华到高尚的境界之中。这不仅有利于个人，也有利于社会。

情绪的升华需要我们不断充实自己的内心，让自己心胸强大。例如，平常可以多参加一些体育锻炼、社交活动，或者多读书、旅行，以净化心灵，开阔视野，充实自己的生活，同时也让自己的内心变得强大，所向披靡，无所畏惧。在与生活风浪的搏击中，我们要坚定地相信：任何困难和挫折都是暂时的，只要我们勇敢地去面对，就一定可以战胜它们！

其实生活中没有什么事情能够"必然"导致自杀行为。面对困难和挫折，那些自杀人群经历过的痛苦，很多人也同样经历过，但最终选择却不一样：有些人选择坦然面对，继续生活；有些人则选择逃避，轻生厌世。面对痛苦，那些自杀者偏执地认为除了死亡，没有任何办法能摆脱痛苦，这种摆脱痛苦的迫切愿望大过了求生的本能，从而选择自杀。其实方法总比困难多，任何事情都有解决的办法，自杀是解决困难最愚蠢的方法。比起事件本身，面对困难和挫折的心态才是导致自杀的关键因素。

所以，在生活中要建立良好的多元关系：家人、朋友、同事等都是危难之时能够并且乐于帮助你的人。多与他们进行沟通和交流，倾诉内心的不安和压抑。交流的力量是巨大的，在交流中可以受到鼓励，也可能找到解决问题的适宜方法。也可能对于事件本身并没有太大的推动作用，然而却能够使人找到认同感和归属感。将心里强烈的负面情绪和压力释放出去，才能让解决问题的理智浮出水面。

在平常生活中让自己找到多元化的快乐，工作中的成就感，家庭中的亲

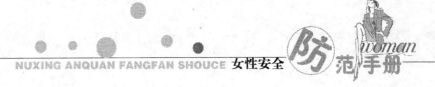
情、爱情，参与社会活动，从中多一些快乐的感觉，就少一些自杀的念头。平时就感觉缺少快乐，遇到困扰的时候就比较容易想不开。保持积极向上的心态和正确的人生观、价值观，要懂得适时地帮助自己。当产生了自杀的想法并犹豫不决时，请不要一时冲动地马上付诸行动，而是给亲人朋友打个电话。如果不想惊动身边家人朋友，很多心理咨询机构都能很好地提供帮助。这些机构拥有完整的求助体系，完全可以帮助要轻生的人打消自杀念头。

对于身边有自杀倾向的人，我们要耐心进行劝解。有自杀倾向的人心理承受度不同，回答或劝解要因人而异，但总体上要把握四大原则：一是不要心急。不要急于试图通过转移话题来解决问题，因为求助者此时心理很脆弱，对一些话题会比较敏感，如果选择不当反而让求助者更加绝望。二是给求助者主动权。由求助者主导谈话，掌握主动，我们要做的事情是倾听，在倾听过程中观察其症结，找出困惑的根源，让倾诉者将内心的不满全部倾泻出来。三是展现自己。求助者智力是正常的，不能敷衍她，必须真诚地对待她，展现出真实的自己，表明自己真诚的态度，站在她的立场上理解她的苦衷和困难，想方设法帮助她。四是环境氛围很重要。如果有人在公众场合求助，应该找个安静的场合对其进行心理疏导。这样会使其情绪保持稳定，有利于沟通和交流。因为如果围观的人太多，也可能促使自杀者的情绪激动以及对围观群众产生伤害。

七、拐卖妇女的事情会不会发生在我身上？

　　近年来，拐卖犯罪在我国出现了上升势头，尤其是拐卖妇女的犯罪层出不穷，成为许多家庭不能承受之痛，给社会的和谐稳定造成了严重的影响。虽然我国公安部门不断加大打拐行动的力度，但是拐卖妇女的犯罪依然猖獗，并且恶性程度进一步升级，严重扰乱了社会治安秩序。自首个国家反拐行动计划——《中国反对拐卖妇女儿童行动计划（2008—2012年)》实施以来，人民法院严厉惩处拐卖妇女、儿童犯罪，有力地震慑了犯罪分子。2008年至2012年，全国各级法院共审结拐卖妇女、儿童犯罪案件8599件，依法惩处犯罪分子14122人。

　　（一）拐卖妇女案件为何频发？

　　（二）拐卖妇女犯罪呈现出的几个特点

　　（三）如何避免自己被拐卖，发现自己身陷险境该怎么办？

　　（四）对于拐卖妇女的行为如何处罚？

（一）拐卖妇女案件为何频发?

一是经济利益诱惑，使犯罪分子铤而走险。被拐卖妇女的出生地往往经济贫困落后，而拐入地社会经济相对富裕发达，犯罪分子拐卖一个妇女可获得几百元、几千元甚至上万元的收入。而被诱骗拐出的妇女除了卖给他人为妻外，犯罪分子还通过暴力手段控制并逼迫其从事卖淫活动，从而赚取丰厚的利润。在高额利润的诱惑下，犯罪分子无视法律，大肆进行拐卖妇女的犯罪活动。

二是受害人法律知识欠缺，报警意识不强。在公安机关办理的类似案件中，大多数妇女被拐卖后，其亲属一般不会首先想到求助于法律、政府或社会，而是在多方寻找未果后才向公安机关报案，有的甚至不报案，往往贻误了最佳破案时间。最后虽然经公安机关多方努力，能够破获案件并成功解救了受害人，但由于在拐骗过程中受害人受到犯罪分子的迫害并被逼卖淫，致使其身心受到巨大摧残。

三是处理存在误区。由于宣传不到位，打击处理人贩子和买主尚未形成声势，特别是取缔买方市场方面缺乏严密管理措施和有效手段。在现实的打拐行动中，对人贩子的处罚都比较严厉，但对收买者则处罚较轻或者不处罚，只要收买者不妨碍司法机关执法，其被处罚的可能或程度都会相应地减少和减轻。这样就是治标不治本，使得买方市场始终存在，仍然给人贩子留下了犯罪的机会和空间。

（二）拐卖妇女犯罪呈现出的几个特点

一是从犯罪主体来看，现在的犯罪主体已呈现出年轻化趋势。这些犯罪青年往往没有正当职业，也没有稳定的经济收入，由于受到电视网络中一些暴力色情等不良内容的影响，产生了卖人赚钱的念头。他们与以往传统的"媒婆"骗婚的形式不同。他们的智商更高，思想更加现代化，作案手法更为先进和隐秘，并且具备一定的反侦查能力。

二是从拐卖对象来看，被拐卖妇女多为 14 ~ 45 岁的女性，由于涉世不深，缺乏社会经验和自我保护意识，或者受到婚姻变故而感情遭受打击，容易受到各种各样的诱惑和欺骗，也更容易被犯罪嫌疑人盯上。

三是从发案的区域来看，拐卖妇女案件多发生在经济落后、生活贫困的偏远地区。这些地区的女性受到的教育比较少，接触社会少，对外面的世界充满向往和好奇。犯罪嫌疑人往往抓住她们的这种心理特点实施犯罪。再加上这些地方的群众法律知识欠缺，缺乏对拐卖妇女犯罪的认识，致使案件屡屡发生。

四是从作案的手法来看，作案的手段愈加多样化，已涉及利用网络等形式的犯罪，犯罪手法更加隐秘。在以往拐卖妇女案件中，犯罪嫌疑人惯用的作案手法是以物质引诱等取信于受害人。近些年来，一些犯罪嫌疑人往往采用上网聊天、金钱利诱、假借恋爱为名等，欺骗手法更加多元化。

【警官举案】

2012 年 5 月 8 日，甘肃省陇南文县堡子坝乡男子王某文，向当地警方报案称，他花了 9 万元从云南"娶"来的某国新娘陶某梅到家仅一个月便不辞而别，他怀疑自己被骗婚。

文县警方随后调查发现，王某文附近的村庄竟然有多个农户家中有外籍女子。2012年6月，随着调查的深入，警方发现，文县堡子坝乡、铁楼乡、石鸡坝乡有多名被拐妇女，且都是一条线上被拐的。这些被拐妇女自称为云南丘北县人，但她们提供的身份信息与人口信息库中查询的信息均不相符，初步确定她们极有可能是某国人。

2012年6月6日凌晨2时许，刘某祥在睡梦中被文县警方抓获，其交代真名是"朱某荣"。根据部分懂汉语的某国籍妇女自述，在她们来中国之前，被人用装袋子、打闷棍等手段，强行掳掠至云南省丘北县境内。数名该国籍妇女被拐卖至文县，案情重大，文县警方迅速向陇南市、甘肃省公安机关进行汇报，并被公安部挂牌督办。

在公安部的督办下，甘肃省、陇南市、文县三级公安机关开展工作。经大量调查，5名自称侯某英、朱某英、李某艳、何某芳、杨某兰的某国籍妇女，均为文县张某平及自称王某兵、朱某荣、陆某兵的3名云南人介绍。截至7月5日，警方已查出被拐卖的某国籍妇女12名。2012年11月11日，网上追逃的该案主要犯罪嫌疑人王某兵在拐卖妇女现场交易时，被丘北警方当场擒获。①

① 周文馨等：《甘肃破获特大跨国拐卖妇女案 解救被拐妇女18名》，2013年1月8日，中国法院网，http：//www.chinacourt.org/article/detail/2013/01/id/811092.shtml.

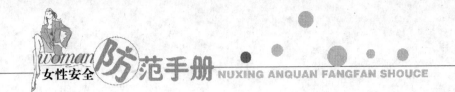
（三）如何避免自己被拐卖，发现自己身陷险境该怎么办？

【警官支招】

招数 1　女性如果想外出找工作，一定要谨记几条：找工作应通过信得过的亲戚、朋友介绍或者到正规的中介机构，通过合法途径；不要盲目外出打工，不要轻信随处张贴的招聘广告以及非法小报；如确定外出打工，最好结伴而行；不要轻信以帮忙找住宿、介绍工作或代替你的亲友接站等为由的谎言，跟随不熟悉的人到陌生地方；遇到火车站、汽车站及其他场所的拉客行为，应坚决拒绝；保管好自己的身份证、外出证明及其他重要证件，不要把原件随便给任何人，包括雇主。

女性外出打工如果发现自己被拐卖该怎么办？若在公共场合发现受骗，应立即向人多的地方靠近，并大声呼救；如发现已被控制人身自由，要保持镇静，设法了解人贩子、买主和所处场所的真实地址及基本情况，向人贩子、买主及相关人员宣讲国家法律，告知严重后果，伺机外出求援或逃走；采取写小纸条等方式向周围人暗示自己的处境，请求外人帮助，设法与外界取得联系；不要放弃，想方设法，寻找机会向公安机关报案，拨打电话、发送短信或通过网络等一切可与外界联系的方式尽快报警，说明自己所在的地方、联系电话、人贩子或买主的情况。

【警官举案】

杨某，四川人，23 岁，2012 年 6 月毕业于某经贸大学，在校期间学习市场营销专业。2012 年 3 月，杨某准备简历，开始她的求职历程。参加了几次招聘会，杨某精疲力尽却始终没有找到令自己满意的工作，感到十分沮丧。看到身边的同学都陆续拿到签约合同，找到了满意的工作，杨某的心情十分急切。一次偶然的机会，杨某在网上看到一则招聘信息，一家房地产公司在网上打出招聘信息，招聘应届毕业生，市场营销专业优先录取。杨某觉得这是一个好机会，于是马上将自己的简历发到对方指定的邮箱。几分钟后，对方给出回复，通知杨某第二天到指定的地方参加面试。

一心想找到一份工作的杨某，根本没有考虑网上招聘信息的真实性，第二天满怀自信地去参加面试，到了晚上依然没有回到学校。宿舍的同学开始着急，打她的手机是关机状态，任何方式都联系不上她，没有人知道杨某去了哪儿。无奈之下，同学们找到老师，老师觉得事情不妙，赶紧报了警。在接到报警后，公安局紧急出动警力，从杨某的笔记本电脑上网记录中找到线索，查出原来那所谓的房地产公司是皮包公司，一帮违法犯罪分子借着招聘的幌子拐卖女大学生，逼迫其从事卖淫活动。警方在掌握了充分的证据后，立即展开行动，一举将6名违法犯罪分子抓获，杨某被成功救出。

【警官析案】

杨某的不幸遭遇值得同情，她的获救也让人欣慰，但是透过女大学生杨某被拐事件，我们在谴责人贩子的同时也应该看到，女大学生被骗被拐，首先让人震惊的是怎么大学生还会被拐卖，是女大学生智商太低？还是骗子手段太高明呢？残酷的现实再次告诉我们，女大学生被拐卖这样的事件已经不是一起两起了，过去，有人说是读书读傻了，可现在有人解读说是学校对大学生的教育有问题。大学生作为高智商的人，被拐卖的问题却屡屡发生。究其原因，有的是因为想找个好工作，轻信人贩子能给自己安排一份好工作的许诺而上当被拐卖；有的是因缺乏生活常识，失去警惕，喝了人贩子下有迷药的饮料，在不清醒状态下被拐卖；有的因交朋友上当被拐卖；有的因想占便宜，轻信人贩子丰厚利益许诺被拐卖；等等。在被拐卖的大学生中，有本

科生，也有研究生，确实发人深省。

个别女大学生之所以会轻易被人贩子得手拐卖，除了不法分子的狡猾外，从女大学生自身的原因看，主要有以下几点：一是缺乏社会经验，对于人贩子设计的一个个光环、各种假象，不能有效辨别及时识破。二是有想占便宜的思想，当人贩子以利益等许诺时，经不住诱惑而上当。三是缺乏警惕性，安全防范意识薄弱，对初识或陌生人轻易相信，思想上失去防线。人贩子惯用的拐卖伎俩：一是麻痹女大学生的思想警惕性，解除其思想防线。通过小恩小惠或者花言巧语，首先取得女大学生对其好的印象，消除对其戒备心理。二是投其所好。违法犯罪分子会以各种利益、名誉进行诱惑，通过接触或事先了解，针对女大学生的思想和需要，投其所好，给出许诺，设法使其上钩。三是假交朋友。违法犯罪分子往往会以交往做朋友为借口，获取女大学生的年龄、联系方式、地址等基本信息，针对女大学生的爱好诱惑其上当受骗。

造成这种悲剧的原因肯定不仅仅是一方面，学校在进行正常的文化教育的同时，也应该给学生增加安全防范方面的教育，让学生增强安全意识，提高自我保护的意识。另外，大学毕业生们在大四求职时一定要保持正常心态，工作肯定会有，只是早晚的事情，做好自己的准备工作，踏踏实实地去找工作，总会找到令自己称心的工作。千万不能心急，慌不择路，更不能投机取巧，轻易相信别人的介绍或者一些中介信息。即使在网上找工作的时候，也应该认真辨别信息的真伪，不能盲目地相信，更不能轻易去对方指定的地方面试，要确定是招聘信息是真实的才能前往。

招数 2　慎重选择交往对象，与不了解的人保持距离，外出时尽量少喝酒；不要向陌生人介绍自己的家庭、亲属和个人爱好等个人信息；与陌生人打交道时，拒绝接受陌生人的食物、饮料，要保持警惕，不轻信其甜言蜜语，不贪图便宜，不接受小恩小惠；在外出途中，一旦遇到危险，及时向公安民警和周围群众求助；外出期间，把自己所在的地址和联系方式及时告诉家人和朋友，让他们知道你的去向；不要轻信网络聊天认识的网友，不要擅自与网友会面。喜爱使用微信交友的女性朋友，为防止上当受骗，一是可在微信隐私设置里进行设置，保护自己的隐私。二是使用微信交友时要保持警惕，提高防范意识，不要轻信，也不要轻易见面。若见面，最好选择在繁华场所，并注意手机、钱包等贵重物品要贴身存放。三是如果对方提出借手机、借钱，要三思而后行，防止上当受骗。

【警官举案】

高某华，女，28 岁，是一名普通的白领，在一家广告公司做行政助理。和许多青年男女一样，高某华也喜欢网聊，闲暇时总喜欢泡在网上，天南海北地侃大山。随着信息技术的高速发展，各种聊天软件层出不穷。微信软件便是其中一种聊天工具，微信是腾讯公司于 2011 年初推出的一款通过网络快速发送文字、图片、语音短信和视频，支持多人群聊的手机聊天软件。用户可以通过微信与好友进行形式上更加丰富的类似于短信、彩信等方式的联系。微信软件本身完全免费，使用任何功能都不会收取费用，使用微信时产生的上网流量费由网络运营商收取。因为是通过网络传送，因此微信不存在距离的限制，即使是在国外的好友，也可以使用微信交流。

高某华也是微信的忠实用户，每天休闲时间都用微信聊天。在微信上，她认识了一个网名叫"子龙"的男人，经常和他用微信聊天。那个男人自称是做进出口贸易的，有自己的公司，希望在网上找到自己的另一半。在微信上，两人聊得很投机，高某华觉得自己爱上了这个男人。当这个叫"子龙"的男人说想和她约会见面时，高某华一口就答应了，并向闺密张某炫耀说自己就要去约会了，此时的高某华沉浸在"幸福"的海洋中，并没有意识到危险已经悄悄来临。2012 年 12 月 25 日圣诞节这天，高某华怀着激动的心情去赴约。可是去了之后高某华失踪了，家人朋友都联系不上她。她的父母立即报警，警方接到报案后，马上出动警力展开调查，从她闺密张某那儿得知高某华是去约会网友，经过三个多小时的侦查，警方终于找到了线索。当晚 10

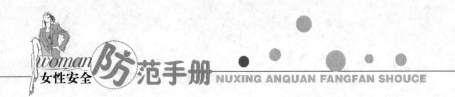
点25分，警方逮捕了网名叫"子龙"的男人及其他背后的犯罪团伙共11人，成功解救出高某华。经过审讯，警方得知，原来这是一帮专门利用聊天软件在网上欺骗女性，利用见面的时机将女性拐卖到娱乐色情场所，获取利润。该犯罪团伙已经作案多起，拐骗了8名女性，获利20多万元人民币。

【警官析案】

微信是在手机用户中非常流行的一款聊天交友工具，它不光能和家人好友发信息、聊天，还有很多其他新鲜功能。例如，漂流瓶、摇一摇等功能。微信的方便好玩，吸引了很多人，可也有人在玩微信的时候，玩出了意想不到的危险。像高某华这样的女性在玩微信过程中，缺乏自我保护意识，太容易轻信别人的花言巧语。犯罪分子往往就是抓住女性的心理，投其所好，利用各种因素进行诱惑。背后真实的动机和目的，许多微信用户都不知道，就很容易上当受骗。

正如中国人民公安大学犯罪学系教授李玫瑾老师于2012年12月9日在中央电视台《焦点访谈》栏目的节目《莫让微信成"危信"》中分析的那样：微信等技术的发明给我们带来了生活便利，在这个过程当中，人们的社会交往的范围大了，你会和一些人建立很密切的关系，但是这个关系往往又不是生活中的真实的接触，所以产生了网络上的一种新的情感关系，也是一种依赖或者依恋关系，导致一些人完全没有危机意识和自我保护的意识。

【警官举案】

2011年10月26日，王某芹、姜某香、王某连到四川省雅安市汉源县公安局刑警大队报案称：她们3人于1998年被罗某、李某等人以外出打工为由拐卖至安徽省。正当刑侦民警全力侦查这起案件时，他们又接到汉源县大岭乡青杠村一村民报案：其妹妹曹某珍在20年前被人拐卖。2月20日，专案民警抓获犯罪嫌疑人罗某，3月6日，网上逃犯李某也被抓获归案，汉源县公安

局破获此系列涉拐案件。经查，李某以外出打工为由骗来受害人王某芹、姜某香、王某连，随后伙同罗某和另外几人将这3人骗到安徽省合肥市，分别以5000元、4000余元的价格卖到安徽省不同的偏僻乡村。

1991年9月，被害人曹某珍到王某的摊子上去修表，王某以带她去外面打工挣钱为由，将信以为真的曹某珍交给李某，将其带至江苏省某市某镇的王宏家，收取王宏现金2200元，曹某珍在逃跑无望的情况下被迫与王宏生活至今。随着案件侦查不断深入，民警发现汉源人罗某、李某、王某等6人先后拐卖妇女7人。①

【警官析案】

在这起系列拐卖案中，被害人因务工心切而轻易相信介绍人，犯罪分子也正是牢牢把握了她们务工心切的心理而以"外出打工挣钱"为幌子，对其进行拐卖牟利。伴随着我国城镇化的不断深入，农村外出务工妇女越来越多。在找工作心切的前提下，也要冷静地思考找工作的途径，更要以自身安全为工作的前提。一定要通过信得过的亲戚、朋友介绍或者通过正规中介机构、权威平台来找，不要盲目相信陌生人。同时，在外出务工之前也要务必和家人亲戚好好商量，不要轻信他人。

（四）对于拐卖妇女的行为如何处罚？

【警官说法】

1. 《中华人民共和国刑法》第二百四十条规定："拐卖妇女、儿童的，处

---

① 严芳：《妇女儿童如何防被拐？四川省公安厅刑侦专家传绝招》，2012年5月8日，中新网，http://www.sc.chinanews.com.cn/news/2012/0508/0655105758.html。

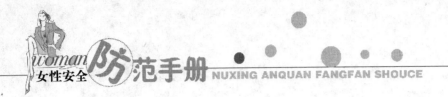
五年以上十年以下有期徒刑，并处罚金；有下列情形之一的，处十年以上有期徒刑或者无期徒刑，并处罚金或者没收财产；情节特别严重的，处死刑，并处没收财产：（一）拐卖妇女、儿童集团的首要分子；（二）拐卖妇女、儿童三人以上的；（三）奸淫被拐卖的妇女的；（四）诱骗、强迫被拐卖的妇女卖淫或者将被拐卖的妇女卖给他人迫使其卖淫的；（五）以出卖为目的，使用暴力、胁迫或者麻醉方法绑架妇女、儿童的；（六）以出卖为目的，偷盗婴幼儿的；（七）造成被拐卖的妇女、儿童或者其亲属重伤、死亡或者其他严重后果的；（八）将妇女、儿童卖往境外的。拐卖妇女、儿童是指以出卖为目的，有拐骗、绑架、收买、贩卖、接送、中转妇女、儿童的行为之一的。"

第二百四十一条规定："收买被拐卖的妇女、儿童的，处三年以下有期徒刑、拘役或者管制。收买被拐卖的妇女，强行与其发生性关系的，依照本法第二百三十六条的规定定罪处罚。收买被拐卖的妇女、儿童，非法剥夺、限制其人身自由或者有伤害、侮辱等犯罪行为的，依照本法的有关规定定罪处罚。收买被拐卖的妇女、儿童，并有第二款、第三款规定的犯罪行为的，依照数罪并罚的规定处罚。收买被拐卖的妇女、儿童又出卖的，依照本法第二百四十条的规定定罪处罚。收买被拐卖的妇女、儿童，按照被买妇女的意愿，不阻碍其返回原居住地的，对被买儿童没有虐待行为，不阻碍对其进行解救的，可以不追究刑事责任。"

2. 最高人民法院、最高人民检察院、公安部、司法部《关于依法惩治拐卖妇女儿童犯罪的意见》（法发〔2010〕7号）专门强调了严厉打击拐卖妇女儿童犯罪的问题。在该意见关于刑罚适用中强调：

对于拐卖妇女、儿童犯罪集团的首要分子，情节严重的主犯，累犯，偷盗婴幼儿、强抢儿童情节严重，将妇女、儿童卖往境外情节严重，拐卖妇女、儿童多人多次、造成伤亡后果，或者具有其他严重情节的，依法从重处罚；情节特别严重的，依法判处死刑。

拐卖妇女、儿童，并对被拐卖的妇女、儿童实施故意杀害、伤害、猥亵、

侮辱等行为，数罪并罚决定执行的刑罚应当依法体现从严。

对于拐卖妇女的犯罪分子，应当注重依法适用财产刑，并切实加大执行力度，以强化刑罚的特殊预防与一般预防效果。

犯收买被拐卖的妇女罪，对被收买妇女实施违法犯罪活动或者将其作为牟利工具的，处罚时应当依法体现从严。收买被拐卖的妇女，对被收买妇女没有实施摧残、虐待行为或者与其已形成稳定的婚姻家庭关系，但仍应依法追究刑事责任的，一般应当从轻处罚；符合缓刑条件的，可以依法适用缓刑。收买被拐卖的妇女，犯罪情节轻微的，可以依法免予刑事处罚。

多名家庭成员或者亲友共同参与出卖亲生子女，或者"买人为妻"构成收买被拐卖的妇女罪的，一般应当在综合考察犯意提起、各行为人在犯罪中所起作用等情节的基础上，依法追究其中罪责较重者的刑事责任。对于其他情节显著轻微危害不大，不认为是犯罪的，依法不追究刑事责任；必要时可以由公安机关予以行政处罚。

具有从犯、自首、立功等法定从宽处罚情节的，依法从轻、减轻或者免除处罚。对被拐卖的妇女没有实施摧残、虐待等违法犯罪行为，或者能够协助解救被拐卖的妇女，或者具有其他酌定从宽处罚情节的，可以依法酌情从轻处罚。

同时具有从严和从宽处罚情节的，要在综合考察拐卖妇女的手段、拐卖妇女或者收买被拐卖妇女的人次、危害后果以及被告人主观恶性、人身危险性等因素的基础上，结合当地此类犯罪发案情况和社会治安状况，决定对被告人总体从严或者从宽处罚。

八、女性如何避免"第三者"问题的发生？

"第三者"不特指女性。但社会上女性成为"第三者"的例子较多。"第三者"在中国得不到婚姻法的保护，同时也被社会道德所谴责。在民间，"第三者"还有"狐狸精"（意指像狐狸精一样迷惑男子的女子）等贬称，可以说社会舆论对"第三者"的评价，大都是负面的。但是，某些女性因为种种原因，最终成为了"第三者"。因此，女性如何避免陷入"第三者"的窘境，成为当今社会关注的一个共同话题。

（一）什么情况下容易产生"第三者"问题？

（二）由"第三者"问题引发其他恶性犯罪的可能性

（三）如何避免悲剧的发生？

（四）我国关于保护婚姻家庭的相关法律规定

（一）什么情况下容易产生"第三者"问题？

"第三者"问题是个复杂的社会问题，"第三者"往往受到社会道德的谴责，由此引发的伤害行为还会受到法律的制裁，有些甚至还会受到人身和心理的摧残。因此，远离"第三者"，避免成为"第三者"，是女性朋友保护自己的一个重要方面。现就"第三者"产生的部分原因作以下概述。

一是感情方面不和。夫妻的感情基础是婚姻生活最重要的组成部分，倘若夫妻感情不和，就很容易出现各种各样的问题。如果夫妻双方长期缺乏情感沟通，那么，他们就很容易在情感空虚中，寻求符合自己特定时期情感的对象而获取感情慰藉，以求情感上的所谓"补偿"。

二是生活单调乏味。倘若婚后的生活让人感到种种失意，有些人便会去寻找刺激或以其他方式来让自己的心理获得平衡和满足。如长期两地分居的夫妻，看到别人的夫妻都天天在一起，美满幸福，心里难免会产生失落和不平衡感，因此容易找"第三者"来寻求情感慰藉。另外，婚姻生活过于单调，缺乏新意，每天都在重复相同的事情，同样的生活模式，这时感情渐渐变得平淡无味，生活也渐渐失去了乐趣。此时，来自"第三者"的刺激就更容易俘获人心，使人在眷恋中无法自拔。

三是喜新厌旧。喜新厌旧是人类的一种天性，也是人性的一种弱点。当这种天性或弱点失去了控制而超越法律与道德等规范时，就会转化为恶。中国有句俗话，"妻不如妾，妾不如偷，偷不如偷不着"。正是因为人性的这一弱点，当男人在缺失法律与道德等规范的约束时，一旦放松了自身要求，便会踏出婚姻，在外找情人，从而产生了"第三者"问题。

四是兴趣不一致。有的夫妻在感情上原本挺好的，但时间久了就会渐渐发现彼此没有共同的兴趣。例如，丈夫爱好打牌，妻子却对跳舞情有独钟；

丈夫有远大的理想，妻子却只是安于现状……这些兴趣、爱好上的差异使两人渐渐地没有了共同语言，节奏也越来越不一致了。这时如果在外遇到知心人，很容易陷入其中。

五是信息化社会日益发展。随着信息技术的不断发展，网络已渐渐成为婚恋交友的重要载体。然而在婚恋、交友的目的之下，也不乏一些寂寞无聊的有妇之夫、有夫之妇，借此寻求刺激，邂逅艳遇，"第三者"的出现便在意料之中了。特别是近期出现的利用微信软件交友，这个软件具有简便、快捷的便利之处，只要"摇一摇"就可以认识同样寂寞的对方。对寂寞男女来说，通过微信软件，"摇一摇"、"查看附近的人"的方式，来认识"第三者"，产生"第三者"问题也在所难免。

（二）由"第三者"问题引发其他恶性犯罪的可能性

由于"第三者"的问题，而招来"杀身之祸"，在现实中时有发生。现在，我们来探讨一下这个问题。

对于该"祸"是由谁来实施的（即通常学术上所说的行为主体），具体可以分为两类情形：一是由出轨者实施的杀人行为而导致的"祸"；二是由出轨者家属实施的杀人行为而导致的"祸"。

对于第一类"祸"而言，主要问题在于出轨者本人。具体来说，由于存在各种利益因素，出轨者在以自身价值观全面权衡之后，会做出一系列趋利避害的行为，来保全自己的利益，随之而来，其行为如果侵害到"第三者"的利益，那么这就是第一类"祸"。在出轨者同"第三者"交往的过程中，两者的交往应该是正常的，他们对于自身的利益而言，是共存的关系：出轨者和"第三者"可以说是"一条绳上的蚂蚱"，自己的利益如果丧失掉的话，

那么对方也不会有什么好的结果。在这种所谓的"利益链条"上，出轨者的利益如果损失到一定程度，触及自己的底线的话，他必定会采取一定的手段和措施来保护自己的利益。毕竟，如果自己的利益得到保护了，对方的利益就会因此而减损。因此，在保护自己的过程中，损害"第三者"的生命健康就会成为出轨者所考虑的重要方面，当出轨者着重考虑自己的利益，而置"第三者"利益于不顾，便会导致"杀身之祸"惨剧的发生。

【警官举案】

　　刘某丽是某市第二纺织厂的普通工人，长相不错，还颇有几分姿色，是厂长、主任们眼中的一枝花。年仅25岁的她，尽管追求者无数，但她至今仍是单身。后勤科的李某在厂里是出了名的美男子，他对刘某丽情有独钟，刘某丽对他也倾慕已久。然而，40岁的他已是上有老下有小，家庭还算和睦幸福。他的妻子张某是第三棉麻厂的一名会计，工作还很清闲。但为了打发时间，在下班后，她常常去大商场当导购员，赚点外快以补贴家用。但近一两个月以来，丈夫李某总是很晚回家，并且浑身酒气，回家后便朝张某大发脾气。张某是邻里间人人夸赞的贤妻良母，在外辛辛苦苦赚钱，在家赡养老人、教育孩子，真的很不容易。李某这段时间以来的行为让她内心真的很痛苦，也很无奈。这一两个月李某行为有点反常，张某渐渐觉察出了点什么。那天下班后，张某像往常一样去大商场打工。在将要下晚班的时候，张某收拾了一下自己的东西，便径直向交班地点走去。在去交班的路上，张某在商场里遇到了一对喝醉的男女，俩人缠绵在一起，醉若烂泥。她对这样的情形已见怪不怪。但当她走近一看，"这男的怎么是李某？""真的是自己的丈夫李某？"她越来越不敢相信自己的眼睛，尽管之前已经她已经觉察出了点什么。"真的是他！那个女的是他厂里的刘某丽！"张某已经控制不住自己愤怒的情绪，掏出自己包里的水果刀，朝刘某丽腹部连捅几刀，导致刘某丽因失血过多而当场死亡。公安机关迅速赶到现场，将犯罪嫌疑人张某，及证人其丈夫

李某带回公安局进行进一步调查。

【警官析案】

在上面的案例中，刘某丽作为"第三者"，进入了李某的生活。而李某之前稳定的幸福生活从此也变得不和谐了。可以看到，最后刘某丽的结果确实很悲惨。对于这一悲惨结局，已经给单身女性敲响了警钟。作为"第三者"，最终还是招来了"杀身之祸"。

对于第二类"祸"而言，主要问题在于出轨者的家属。一个幸福的家庭，需要家庭成员的共同经营和呵护。家庭责任感较强的中国人，在潜意识中，是难以接受任何家庭以外的人破坏自己家庭完整的。具体来说，在面临种种挑战和压力的情况下，出轨者的家属为了能够维持当前的婚姻，追求自己的幸福或是出于报复"第三者"等目的，往往会由于冲动而采取过激行为。如果侵害到"第三者"的利益，那么这就是第二类"祸"。在上述案例中，张某作为出轨者李某的家属，当看到丈夫同刘某丽的行为时，认识到丈夫已经出轨，而刘某丽就是引诱丈夫出轨的"第三者"，为了家庭利益、个人利益或者报复"第三者"等原因，做出了杀害"第三者"刘某丽的行为，结束了刘某丽年轻的生命。从"第三者"角度来说，刘某丽对于自己"第三者"的地位，并没有充分意识到这个身份会带给自己如此大的灾祸。一般来说，"第三者"的生命安全，相对于第一类由出轨者造成的祸害来说，第二类由出轨者家属带来的祸患会对"第三者"生命安全造成更大的威胁，造成的结果会更为严重。毕竟，出轨者家属都将整个家庭的幸福置于一个很高的地位，在知道出轨者（也就是自己的丈夫或妻子）背叛家庭之前，自己一直是幸福家庭的坚定维护者，可以说，整个家庭就是自己生命的所有。当出轨者的家属发现自己的丈夫或妻子已经出轨时，内心会产生强烈的对比和反差。由此而产生的冲动，极易使出轨者的家属不计后果地实施侵害行为，"第三者"招来杀身之祸也因此具有了较大可能性。

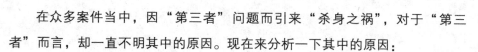

在众多案件当中，因"第三者"问题而引来"杀身之祸"，对于"第三者"而言，却一直不明其中的原因。现在来分析一下其中的原因：

"第三者"问题会引起诸多家庭矛盾和社会矛盾。家庭是社会的细胞。在很大程度上，社会的安全源于家庭的稳定，家庭稳定也是《中华人民共和国婚姻法》的重要价值之一，该法在第三条第二款中明确规定"禁止婚外同居"。然而在现实当中，"第三者"问题常常会影响家庭的稳定和幸福，从而渐渐地给社会安全带来隐患。女性成为"第三者"的问题较为严重，已引起了人们的广泛关注。同时，这一问题也在一定程度上给社会造成了不安定局面，对社会治安也有较大的影响。人类几千年形成的性心理习惯，要求性伴侣在一定时期内的排他性，这种心理应该说男女完全一样，也是现代爱情产生的基点，如果性在婚外完全自由，则势必产生相关当事人的情感冲突，增加了社会矛盾激化因素，影响社会其他方面的正常稳定发展。一般而言，人们都会对自己的配偶与第三人发生性关系难以接受，相关当事人经受感情、性和社会压力等方面的折磨时，情绪、情感易处于极度不稳定的状态，对自己的感情难以调节及控制，从而时常被情绪、情感所困扰或感情用事，在这种状态下做出的行为通常具有盲目性、冲动性和残酷性，往往会造成相当严重的社会危害后果。有不少夫妻因一方有外遇而整天打架、闹离婚，心理承受能力差的当事人很有可能会做出不理智的行为。个别严重的，甚至会触犯刑律，后果非常悲惨。

因此，女性成为"第三者"的问题，不仅带来许多间接的危害后果，而且更具有社会危害性。它会直接影响家庭和睦和社会稳定，小则导致家庭破裂，大则造成公共安全问题，甚至引发刑事犯罪问题。"第三者"不但会受到社会的谴责，也会引来"杀身之祸"。

（三）如何避免悲剧的发生？

在社会生活中，越来越多的女性已经开始意识到"第三者"问题对于自己生活的影响。有人跃跃欲试，有人理智清醒，有人困惑不解。"清官难断家务事"。对于这个问题，警官在此对该问题进行某些方面的提示，以供女性参考。

【警官支招】

在明知对方已婚的情况下，主要注意以下两个方面：

（1）提高安全意识，与已婚男士保持适当距离。尤其是单身女性更易受到侵扰，陷入不测。而年轻女孩，由于涉世不深，缺少社会经验，很容易被已婚男人诱惑，陷入窘境。所以，在日常的学习、工作和生活当中，与已婚男士保持一定距离，是单身女性需要切记的。可以与他们做普通朋友，但是作为自己的追求者，是不可以的，其严重后果，上面的案例及其分析中，已经进行了相关的阐述。如果遇到已婚男士的表白或追求，要正面明确地拒绝，千万不要态度暧昧。对于单身女性来说，与已婚男士保持一定距离，是没有坏处的。

（2）增强自我修养与道德观念，克制情感冲动。女性的自身修养，主要在于后天努力。自身修养提高，会使自己在社会生活中更加成熟稳重。众所周知，每个人都有一种寻求新奇事物的心理，如果一种体验长期都不改变，自己就会感到乏味，逐渐地由习惯转变为淡漠，甚至是反感，这就如同每天的山珍海味，终究也有吃到厌烦的时候，此时反而喜欢窝窝头、咸菜。当注意力被新奇目标吸引时，也正是思想容易出轨的时候。因此，女性要警惕被已婚男士对婚姻不满的倾诉或所谓关怀指导的假象所迷惑，不要以为自己找到了真爱，从而成为涉足别人家庭的"第三者"。等自己意识到问题的严重时，为时已晚。

当女性作为"第三者"去追求某位成熟男士时，自己面临的压力是非常巨大的。不仅伤害别人，也伤害自己；不但得不到大家的祝福，也得不到法律的保护。这样的爱情是一种不平衡的爱情，也是一种失去尊严的爱情，最终不会有真正幸福。而且年轻冲动的特点，会让她们的后果不堪设想。所以克制情感冲动对于女性而言，也是非常重要的。因此，只有加强自我修养，树立正确的价值观，自尊自爱，才能保护好自己，免受其辱与伤害。

在不知对方是否已婚的情况下，主要注意以下两个方面：

（1）交友谨慎，充分了解对方底细。女性在结交异性朋友时，一定要小心谨慎，合理怀疑，可通过其亲属、朋友充分了解其底细，缓慢推进俩人的关系。特别需要提醒的是，在没有彻底了解对方并做好万全准备的时候，最好不要与对方发生性关系。因为发生性关系后，情感纽结会更加牢固，会促使女性愿意和对方保持更亲密的关系，一旦失去这一段关系，就会更加痛苦。

（2）发现受骗，恋爱对方隐瞒自己有家室。这个时候，要保持清醒和理性，要在思想上彻底认识到对方是不适合自己的，彼此之间是难有好结果的。如果放任彼此关系的发展或者纠缠不清，最终会伤害彼此，增加彼此的痛苦。为此，要果断采取措施，及时了断，并且在以后可能的交往中（如是同事关系、客户关系等，而不能彻底断绝联系）保持好距离，不能越雷池一步；也不要借一些特别的日子，如生日、情人节等，给自己找借口，使婚外情死灰复燃；要把和他有关的物品收藏起来或者彻底销毁，以免睹物思人，难以割舍；要多和朋友接触，或者采取其他适当的方式，如读书、旅游等，开阔视野，丰富自己的生活，尤其是自己的精神生活，准备迎接下一段美好恋情。

【警官举案】

李某是一名在 A 市打工的白领，25 岁，长相不算非常漂亮，但身材不

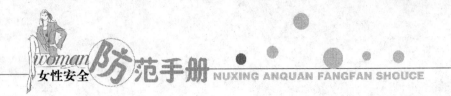
错，家境中上，并且是独生女，条件也算是很优越了。半年前，还是单身的她为了追求幸福的爱情和婚姻，在某交友网站上，认识了30岁同为A市白领阶层的冯某。两人一见如故，自两人见第一次面后，冯某经常电话联系，偶尔在周末晚上约会，李某对冯某也是颇有好感。近半年时间的接触，李某感觉冯某已是自己生活中不可缺少的一部分了。在这个陌生的城市能有这样让自己倾心的人，李某真的感觉自己是天底下最幸福的人了。

然而，一天李某接到了一个陌生女人打来的电话，那人张口就骂道："臭娘子，竟敢勾引我家老公！你赶紧给我滚远点儿，要不就有你的'好日子'过！"然后她就把电话挂了。李某惊出一身冷汗：难道小冯已经结婚了？李某不敢再往下想了，这种发生在小说里的事情，竟会发生在自己身上？第二天，冯某像往常一样与李某电话联系，在李某的咄咄逼问下，冯某终于承认自己已婚的事实。但冯某确实想追求李某，并答应李某，只要李某愿意和自己结婚，自己就会先跟妻子离婚。半年多的感情，李某也感觉自己放不下这段感情，已深深爱上了冯某，但自己真的不想成为拆散别人家庭的"第三者"。李某陷入了深深的矛盾中。

【警官析案】

在上述案例中，李某面对种种疑惑，对于自己现在的处境不知所措。现在来分析一下这个案例中有关女性"第三者"的问题：

首先，对于普通老百姓来说，"第三者"这个名分只会给自己带来坏处，而不能因此名分而带来好处。中国是一个有着丰厚历史文化底蕴的国家，传统文化在中华民族的历史长河中有着不可撼动的地位。尽管随着改革开放程度的日益加大，人民物质和文化生活水平日益提高，但传统伦理观念在中国人心目中，仍占主流地位。

在传统文化中，"人之初，性本善"等儒家思想不只在古代，在近代、现代一直是为人所推崇的。可以说，无论在思想上还是在行动上，中国人都在

以该思想为潜在力量，指导着自己的学习、工作和生活。在婚姻生活方面更是如此。婚姻生活是人生的重要组成部分，生活的幸福、家庭的和睦都是衡量婚姻生活的最重要方面。倘若有外来的"第三者"进入已建立起来的有序的婚姻生活，那么，他必然是违背了中国传统文化的善恶理念，其行为会被人评价为恶，是会被嗤之以鼻的。所以说，一定要意识到"第三者"对于自己生活的影响，在中国主流文化的大背景下，不要去做不名誉的"第三者"。若成为"第三者"，对于一个女性来说，面临的压力（尤其是舆论压力）是非常大的，需要相当大的勇气去面对众人的鄙视和道德的谴责。

其次，既然认识到这一点，李某就要努力去避免这个所谓的事实真正发生，或者说尽快地从这个所谓的事实中摆脱出来，不要让这个"第三者"的名分为自己所烦扰。李某现在已经深深陷入了对冯某的爱恋中，然而大大出乎李某意料的是，冯某之前却对她隐瞒了自己的婚姻状况。可以说，既然如此，对于冯某的真正身份，想必其中的隐情会更多。所以，李某必须重新对冯某的基本情况进行审视：他是否真的未婚，那个电话是否骚扰电话？他是否对自己真心喜欢，还是一直在编织一个谎言？他是白领，那他的那些同事们对这件事情怎么看待？经过这些反思，对冯某的认识会更加准确，对自己是否既成"第三者"的问题可以更加清楚。

第一种情形：如果在调查和思考之后，发现那个电话确实是骚扰电话，并且冯某确实是单身，而同事们对冯某的评价也蛮高的，那么李某经过一段时间的接触，再作定夺不迟。所以，当出现这种情形时，李某应该谨慎再谨慎，毕竟婚姻是终身大事，关系着一生的幸福和前程，马虎不得，暴露出来的问题一点也不能忽视。毕竟当前社会骗术越来越高明，骗财骗色的案件时有发生，若有异常状况发生，及时采取措施保护自己的人身、财产安全。

第二种情形：如果经过一系列的调查与思考，发现那个电话确实不是骚扰电话，并且他确实已有家室，无论冯某多么喜欢李某，李某多么想跟冯某在一起，李某此时最好的做法就是离开冯某。要知道，不被祝福的爱情是不

幸福的。作为一个"第三者"，倘若与冯某结婚，李某以后的生活会很艰难。也是违背自己最初恋爱时的基本准则——追求幸福的爱情和婚姻。所以，当出现这种情形时，李某需要考虑离开对方，重新开始寻找自己的幸福，而不要在冯某身上耗费太多时间与精力。毕竟李某人品上佳，其他各方面的条件都挺不错，相信幸福一定会来"敲门"的。

另外，李某还必须要消除一下这件事情对自己的影响。具体来说，李某要单独约见冯某的家属或者通一次话，向对方表示歉意，并解释一下自己同冯某的关系以及之前的误会，自己对冯某隐瞒已婚的事实是不知情的，并承诺自己同冯某已经没有任何关系了，用真诚打动对方，让对方原谅自己那段时间的过失。李某对于冯某的认识，必须尽快转变过来，不要徘徊，长痛不如短痛，还是那句话，不被祝福的爱情是不幸福的。而冯某隐瞒自己的婚姻欺骗李某的行为，足以说明他的人品问题。李某不要再与他联系，毕竟自身安危才是李某当前最为重要的。

最后，女性要扩大社交范围，增进情感交流，抑制精神空虚。特别是单身女性在日常生活中，一般以女性朋友为主。所以社交范围相对较窄，如果想提高自己与人交往的能力，扩大自己的社交范围是非常重要的。扩大社交范围，更重要的一点，在于充实个人生活，抑制精神空虚。许多单身女性对于个人问题，是有很多想法的，然而想法再多，生活都是要继续的。如果单纯是为了相亲的话，反而会把自己搞得精疲力尽。如果自己扩大社交范围，扩大自己的朋友圈，结果反而更好，在社交过程中，会结识更多的男士，如果自己感觉合适的话，再从朋友做起，慢慢相处。所以，归根结底，还是提高自己的修养，培养成熟稳重的性格。这一点对于女性而言，是非常重要的。当自己精神空虚时，不妨主动踏出家门，走出工作室，扩大自己的社交范围，做一个积极、乐观向上的女性。

（四）我国关于保护婚姻家庭的相关法律规定

【警官说法】

1. 《中华人民共和国刑法》第二百五十八条规定："有配偶而重婚的，或者明知他人有配偶而与之结婚的，处二年以下有期徒刑或者拘役。"第二百五十九条第一款规定："明知是现役军人的配偶而与之同居或者结婚的，处三年以下有期徒刑或者拘役。"

2. 《中华人民共和国民法通则》（1986 年 4 月 12 日第六届全国人民代表大会第四次会议通过）第一百零四条第一款规定："婚姻、家庭、老人、母亲和儿童受法律保护。残疾人的合法权益受法律保护。"

3. 《中华人民共和国婚姻法》（1980 年 9 月 10 日第五届全国人民代表大会第三次会议通过 根据 2001 年 4 月 28 日第九届全国人民代表大会常务委员会第二十一次会议《关于修改〈中华人民共和国婚姻法〉的决定》修正）第二条规定："实行婚姻自由、一夫一妻、男女平等的婚姻制度。保护妇女、儿童和老人的合法权益。实行计划生育。"第三条规定："禁止包办、买卖婚姻和其他干涉婚姻自由的行为。禁止借婚姻索取财物。禁止重婚。禁止有配偶者与他人同居。禁止家庭暴力。禁止家庭成员间的虐待和遗弃。"第四条规定："夫妻应当互相忠实，互相尊重；家庭成员间应当敬老爱幼，互相帮助，维护平等、和睦、文明的婚姻家庭关系。"

4. 《最高人民法院关于适用〈中华人民共和国婚姻法〉若干问题的解释》（一）（二）（三），对婚姻法中涉及结婚、离婚、财产分割、继承等具体问题作了详细的解释。

九、女性被人敲诈勒索了怎么办？

在社会生活日益丰富的今天，越来越多的人拥有了更为丰富多彩的生活方式，从而更好地享受幸福与快乐。当然，享受得更多，遇到的问题也会更多。我国正处于社会转型时期，在社会转型的大背景下，人们的生活会深受这段时期的影响。这段时期会产生种种社会问题，其中，与人们生活相关的公共安全问题，需要人们倍加重视。作为公共安全问题之一的敲诈勒索行为一直为人们所困扰，同时也一直是公安机关重点打击的对象。尽管敲诈勒索入刑已相当长时间，但是敲诈勒索违法行为却逐年增加，新类型层出不穷。在我国，越来越多的女性已成为敲诈勒索犯罪分子的侵害对象。女性在生理、心理上的诸多特征，已为违法犯罪分子所熟知，因此，女性急需提高自己的安全防范意识，对敲诈勒索行为提高警惕。下面通过三类案件，即碰瓷、艳照诈骗、微信诈骗，来分析一下这类问题。

（一）"碰瓷"类敲诈的特点及应对方法

（二）"艳照"流失遭遇敲诈勒索如何应对？

（三）警惕利用微信进行敲诈

（四）针对敲诈勒索，有哪些法律规定？

（一）"碰瓷"类敲诈的特点及应对方法

1. "碰瓷"类敲诈的特点

随着社会的不断发展，"碰瓷"现象也正在不断演化，违法犯罪分子的技术水平越来越高。尤其近几年来，其花样不断翻新，演技也越来越好。一般来说，违法犯罪分子具体操作时，具有非常高的演技水平，并且能将人迷惑得看不出其中破绽。此种骗术的表现手法有许多，主要有"驾车碰瓷"、"踩脚碰瓷"等。近几年公安机关渐渐发现，"碰瓷"已呈现出团伙作案的趋势。在一些大中城市，已经出现以"碰瓷"为生的人，即新词汇——"职业碰瓷党"，在广州、北京等地较为猖獗，已严重影响了人们的日常生活。同时他们的作案工具也已经逐渐发生改变，已经由破瓷器变为平光眼镜、假手表、报废车辆、废旧的手提电脑等物，并且作案动机和手段更加恶劣，团伙作案的趋势更为明显，如敲诈不成，便会转为对事主进行殴打，并转化成抢劫、抢夺，严重危害社会稳定和公民人身财产安全。

"碰瓷"是我国民间的一种说法，实际上就是敲诈勒索行为的一种表现方式。这类问题绝大多数是发生在私家车主身上，即"驾车碰瓷"，但近年来已发现有多种"碰瓷"现象，下面案例中的"狗咬人碰瓷"就是其中之一。

【警官举案】

小路是南京市国税局一名公务员，29岁，至今仍是单身。自己的条件优越，有稳定的工作，有房有车，感觉自己在这个城市生活得非常有品位。如今单身的她，也时不时参加一些亲戚朋友介绍的相亲，不过都没有进入她的"法眼"，她的眼光真的太高了。当然，她也有自己的朋友圈儿，在自己的生

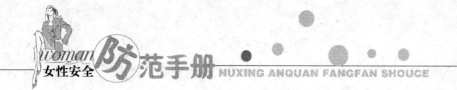
活中，周末朋友 Party 是再美好不过的事情了。平时自己在家里，因为没有人陪伴，所以养了一只宠物狗，还是从美国进口的，价格不菲。小路平时一到家里就跟这小家伙玩儿起来，当然，饭后散步的时候也带着它出去遛遛。为了让狗狗能够自在会儿，所以小路在遛狗的时候每次都不拴着，真是太关心狗狗了。狗狗也蛮听话的，一年多来也没有伤到过路人。一天晚上，小路照常饭后带着狗狗出去散步。在去广场散步的路上，突然听见前面有个小伙子突然大喊一声"哎哟，这是谁家的狗！咬着我了！"然后就倒在了地上。小路一看，刚才狗狗正是从那个小伙子身边过去的，不过为什么今天狗狗咬人了？平时不会发生这种事情啊？小路也顾不上那么多了，走到那个人身边，看看那个人伤得如何。当看到那人确实有伤口，并且裤子上还有点儿红色血迹时，小路很是内疚。这次狗狗是犯错了，不过她感觉确实有点反常。那个小伙子嚷嚷开了，让小路赔偿医疗费、损失费等，开口便要 2000 元。小路一直说自己要陪他一起去医院检查一下，顺便去报警，不过那人一直不同意，只是要钱。小路感觉不是很对劲，"这个人怎么这么急着要钱，也不急着去打狂犬疫苗？还在这里死皮赖脸？钱重要还是命重要？这里面肯定有诈！"小路拿出手机打算拨打 110 电话报警，那个小伙子立马脸色就变了，嚷嚷着让小路赶紧拿钱，但小路不顾这些打了电话……公安机关接到报案后，迅速赶到了现场，当场对小路和小伙子进行了询问。小伙子支支吾吾的，脸色非常难看，他因为这种"碰瓷"已经被公安机关逮到过两次了。同样，这次他也没有逃脱公安机关的处罚。

【警官析案】

在上述案例中，小路遇到的问题，就是近几年非常流行的一种敲诈勒索行为——"碰瓷"。"碰瓷"是北京方言，是典型的敲诈勒索的行为。例如，故意同机动车相撞，以骗取赔偿。"碰瓷"最开始是古玩业的一句行话，意指个别不法商贩，在摊位上摆卖古董时，往往会别有用心地将易碎瓷器往路中央摆放，等候路人不小心碰坏，便凭此诈骗。可怜的路人被"碰瓷"者诈骗，花钱买气受，还得抱回一堆碎瓷。

类似上述案例中的"狗咬人碰瓷"，使很多人上当受骗，受害者中遛未拴着的狗的女性比重过半，也正是上面小路遇到的敲诈勒索问题。趁狗主人不注意，当小狗跑过自己身旁时，假称被狗咬伤，然后捂着受伤的部位，以要打血清和狂犬疫苗为由，索要数额不等的医药费及精神补偿费等。狗主人一旦碰到这种事情，往往会很心虚，没有确凿的证据来证明，往往就会让骗子得逞。①

小路在遛狗的过程中遇到的这类"碰瓷"行为，即违法犯罪分子的骚扰，公安机关近期也进行了部分重点地区的整治，收效较为显著，取得了一定的成绩。

2. 如何应对"狗咬人碰瓷"敲诈？

小路在上面"狗咬人碰瓷"案例中，表现得很不错，在看出某些破绽后，非常机智地拨打110电话报警。作为女性，小路能做到这些非常不简单。女性防范需要各方面的加强，才能在纷繁复杂的社会中，更好地享受生活。

【警官支招】

在"狗咬人碰瓷"中，警官在此作以下支招与提醒：

招数1 遛狗的时候，最好是在人群密集的地方，这样违法犯罪分子便很难采取伪装的手段，人员众多，便会失去作案的有利条件，较为容易被人发现，这样自身也能有更多的安全感，减少问题产生的概率，将更多的问题从源头上减少，省去自身许多麻烦。但是，此时更要细心地看管好自己的

① 派多格宠物连锁网：《碰瓷诈骗升级：你家狗狗咬了我！》，2010年11月27日，http://www.apetdog.com/html/Article16948.

爱犬。

招数2 出门遛狗尽量用绳拴住狗狗，这是非常关键的一点。如果没有用绳拴住，而是放开让其乱跑，不管自己对狗狗有多么放心，都会给违法犯罪分子留下可乘之机，迅速下手，没有的事情也说成真的。用绳拴住狗狗后，下手的难度会加大许多，违法犯罪分子自己提前准备好的伤口、措辞，都会显得毫无证明力。用绳拴住狗，也可以减少行人的惧怕和危险，于人于己都好。

招数3 如果自己遇到"狗咬人"事件，不管这起案件是真是假，首先要做的，就是拨打110电话报警。违法犯罪分子最怕的，就是真相败露，而公安机关的震慑和打击，往往会使他们处于很被动的地位。在当前"狗咬人碰瓷"尚非呈大型团伙作案的情况下，公安机关的打击，是非常具有威慑力的。所以说，及时拨打110电话报警，能够取得非常不错的效果。

招数4 如果真的有伤口，自己就可以用手机拍照以获取证据，伤口的具体外貌特征，需要请相关专家进行鉴定。因为一般而言狗狗不会咬人，除非被对方激怒，所以在遛狗时遇到狗咬人问题时，大部分是由于某种激怒狗狗的行为。所以事后与对方进行一定的交流，获取更多信息和证据，是自己应该注意的。

招数5 自己坚持不要私了，而是陪其去医院打针，积极配合其治疗，只有眼见为实，才能真正做到不上当受骗；或者凭有效的正规医院实名医药单来支付费用。在完成基本医疗费用以后，再协商其他赔偿。这更加能够防止狗咬人碰瓷违法犯罪行为的发生，因为不可能有没被狗咬也去医院打狂犬疫苗的人。

3. 如何应对"驾车碰瓷"敲诈？

"驾车碰瓷"的主要表现为犯罪分子驾驶机动车辆利用道路交通混乱或者

对方驾驶时的失误或者变道、起步、停车、逆行等时机故意制造交通事故，进而通过恐吓、欺骗、威胁等手段要求受害者进行高价赔偿的行为。"驾车碰瓷"具有极大的社会危害性，对于公安机关维护社会治安秩序的稳定，具有很大挑战性。近几年来，随着私家车主的日益增多，犯罪分子便渐渐盯上了他们，"驾车碰瓷"案件发生概率越来越大，造成了恶劣的影响。在天津地区（尤其是郊区地带），这类"驾车碰瓷"违法犯罪行为非常严重。公安机关高度重视"驾车碰瓷"的违法犯罪行为，对于该类违法犯罪行为严厉打击，并处以相应惩罚。在之前的"驾车碰瓷"案件中，公安机关大都定性为侵害财产利益的行为。它不同于传统意义范围的敲诈勒索行为，同传统的违法犯罪行为有着较大区别。具体来说，公安机关主要定性为敲诈勒索行为，不过这类案件对于公共安全的危害也是非常严重的，其造成的不仅是公众安全感的削弱，更重要的是人们对于整个公共安全在意识和思想上的破坏。这类"驾车碰瓷"案件，需要公安机关的更加重视和严厉打击。

下面，警官从以下几方面进行支招与提醒：

【警官支招】

招数 1　当事人应当及时选择拨打110电话报警，让公安机关出面帮助解决。毕竟，女性一个人的力量是有限的，朋友也很难完全了解案件的基本定性。敲诈者所利用的，正是女性当事人胆小、怕麻烦的心理，为了快点结束争执，不会报警。如果他们看到当事人已经报警，违法犯罪分子往往会主动停止已经计划好的"碰瓷"行为。一般来说，"老手"们在当地都有层层"案底"，他们也担心公安民警到来后，直接进行盘查和询问，之后的麻烦他们心里早已清楚，所以只好早早收手。

招数 2　当女性驾车行驶至交通秩序混乱的路段时，一定要集中精力，不要开小差，更不要有交通违法行为，以防有口难辩，落下把柄，授人口实。当确认这起事故与自己无关时，一定要注意保留好现场证据，包括人证以及物证。特别是想办法与目击证人取得联系，不要私自移动现场。如果是在视线不太好的夜间，女性朋友驾车发生事故，不要急于下车，而是首先弄清情况，确认自身安全后再下车处理，发现异常状况时，要及时拨打 110 电话报警。

招数 3　自己一定要镇定，不要慌张。对于所谓调停的人，不要轻易接受，他们往往是对方的"托"。他们往往故意虚张声势，以引起路人的同情和注意。有些当事人虽然明知错误不在自身，然而自己却害怕被围观，更害怕警察到场，对公安机关充满畏惧。事实上，违法犯罪分子更害怕路人看穿其骗人伎俩，这时候当事人要有信心，坚持到底，以诚恳的态度，去争取围观群众的同情，相信一定会出现有利于自己的局面。

招数 4　如果是造成对方"受伤"，一定要坚决主张先去医院为其治疗，否则其余事项免谈；另外，应该尽快通知自己车辆所投保的保险公司，收管好相应票据，以及事故处理部门的相关证明材料，从而由保险公司承担其相应的费用，使自己的损失能够得到一定补偿。

招数 5　当车辆与行人发生碰撞，或者是外地车辆在本地发生交通事故时，坚决不能"私了"。这种情况下，"碰瓷"敲诈勒索的行为，是非常容易产生的。一般而言，作为"碰瓷"的行人，会对驾驶人进行所谓的"据理力争"；而本地人往往认为外地人对本地不熟悉，往往会打外地车辆的主意，对外地车辆进行敲诈勒索。当事人需要保管好相关的发票单据和公安机关的证明材料，由保险公司承担部分责任，减少自己的相关责任承担。

（二）"艳照"流失遭遇敲诈勒索如何应对?

敲诈勒索，是指以非法占有为目的，对他人实行威胁，索取数额大量公

私财物的行为。敲诈勒索是行为人采用威胁、要挟、恐吓等行为手段方式，迫使被害人交出财物的行为。所谓威胁方法，是指以恶害相通告迫使被害人处分财产，即如果不按照行为人的要求处分财产，就会在将来的某个时间遭受恶害。威胁内容的种类没有限制，包括对被害人及其亲属的生命、身体自由、名誉等进行威胁，威胁行为只要足以使他人产生恐惧心理即可。威胁的结果，是被害人产生恐惧心理后，为了保护自己更大的利益而处分自己数额较大的财产，进而使犯罪分子得逞。所谓要挟方法，通常是指抓住被害人的某些把柄或者制造某种迫使其交付财物的借口，如以揭发贪污、盗窃等违法犯罪事实或生活作风腐败等相要挟。

敲诈勒索性质的违法犯罪行为，其核心就是使用威胁和要挟手段，这两种手段具有以下几个特点：一是违法犯罪分子威胁将要实施侵害行为，从而对当事人进行恐吓，如以将要实施杀害、伤害、揭发隐私、毁灭财物等相恐吓。二是违法犯罪分子威胁和要挟将要危害的对象。可能是财物的所有人或持有人，也可能是与其有利害关系的人，如财物所有人或持有人的亲属等。三是发出威胁的方式可能多种多样，如可能当着被害人的面用口头、书面或其他方式表示，亦也可通过电话、书信等方式表示。四是威胁要实施侵害行为是有多种形式的。有可能是当场实现的，如杀害、伤害；也有可能是当场不能实现，日后才能实现的，如揭发隐私、进行艳照敲诈。

【警官举案】

23 岁大学刚刚毕业的小耿，在天津一家外贸公司工作，对自己充满信心。平时工作繁忙，一心扑在工作上，事业心非常强。年轻人对于事业和生活的态度，已经不能简简单单用"满腔热情"来形容了。大学时期，小耿谈过一个男朋友，毕业前，因为两个人将到不同的城市工作，所以分手了。到了天津后，小耿也没有相过一次亲，对于自己的感情生活，她已经感觉身心疲惫。一天，正在处理收货订单的她收到了一条短信，信息内容如下："耿小姐，您好！我是天津××私家侦探社金牌调查员贺某某，经调查发现您的私生活有不检点的一面，请收到信后两天内把八万元汇到我指定的账户上。您清楚我给您的时间是有限的，如果款项不能及时到账，我将把您的相关照片、证据及光盘寄给单位及您的同事，并把所有照片以及您的真实姓名上传至各大网站。当然，我也不希望您身败名裂，颜面扫地……"之后，那个号码真的就发过来了自己的"艳照"。小耿顿时傻眼了："自己的私生活？怎么会有人知道？"她一时不知所措，脑中一片空白："这是哪门子事儿？是该汇款还是不该汇？"小耿联系了自己的闺中好友、同事小玲，小玲听到这个消息非常惊讶，平时胆小的小玲说出了自己的想法："还是破财免灾为好，虽然身正不怕影子歪，但被坏人盯上了，那有什么办法？"小耿也就听取了小玲的建议，往那个账户上汇了八万块钱……过了两天，小耿突然接到一个电话，是公安机关打来的。电话中，公安民警询问小耿近期是否给一位自称侦探"贺某某"的账户上汇过八万块钱，小耿就叙述了事情的具体经过，公安机关通知小耿到公安分局去一趟。经过进一步的询问，小耿渐渐知道自己是被敲诈勒索了。公安机关迅速破案，将"贺某某"抓获，追回了小耿的八万块钱。

【警官析案】

上面案例中，小耿遇到的问题，就是近期经常出现的"艳照诈骗"违法犯罪行为，属于敲诈勒索行为的一种。单身女性小耿，被违法犯罪分子盯上，利用威胁、恐吓等手段，损失了八万元，以后如果接着下去，损失会越来越多，这可以说是一个"无底洞"。小耿以后的生活，如果不与公安机关配合的话，会不堪设想。

小耿身上发生的案例，是典型的利用艳照进行威胁和要挟。其利用的所谓"艳照"并不是从小耿本人身上真正拍到的，而是用计算机软件加工合成的。"艳照敲诈"是指某些不法分子通过上网收集当事人的图片，使用计算机软件进行处理，将其变为艳照，之后用威胁、要挟手段迫使当事人私了此事，

否则，便威胁公布艳照，当事人往往愿意息事宁人，答应违法犯罪分子的要求，违法犯罪分子就顺势得逞。也正因为如此，此类案件发生率逐年上升。近些年来，新闻媒体经常报道某人收到艳照，之后受到敲诈勒索的案件。实际上，违法犯罪分子的手段并不高明，只用计算机软件轻易修改一下，发送彩信、邮件或是信件，接着就等待"回音"。"艳照敲诈"案件的增多，已经敲响了我们保护个人隐私权的警钟。在信息化网络时代，如何来保证自己的隐私权不受侵害，已经成为人们普遍关注的焦点。

在现实生活中，女性由于自身生理上和心理上存在的弱势，会遇到种种问题，需要对其加以保护。一方面，需要公安机关加大对于女性的保护；另一方面，女性的自身安全防范意识也有待进一步提高。任何社会问题的解决，对于公民个人而言，从自身做起，都是最为重要的。

"艳照诈骗"案例的高发性，已经引起了公安机关的高度重视。面对日益高发的态势，一方面，公安机关正在努力寻求解决的方法和思路，真正建立起一种打击"艳照诈骗"的长效防范机制；另一方面，女性需要掌握一定的方式方法，避免因艳照诈骗引来烦恼。为此，警官进行以下支招和提示。

【警官支招】

现在教大家如何对照片的真假进行辨别：

（1）前景和背景角度。在拍照时，人和相机的位置是不同的，存在一定的距离，前景的背景俯视、仰视角度不一致。另外，前景背景差距太大或太小都看起来不自然，可以根据参照物判断。

（2）图像质量。图像质量可以说是一个非常明显的区别，在原图片和处理过的图片背景中，一个画质比较粗糙，而另一个比较细腻。这样在衔接过程中，会有很明显的差别，这种背景的对比，会体现得比较明显，容易观察出来。经过处理的照片，本人的皮肤颜色，并不会随着光线过渡而变化。

（3）色调。因为拍摄照片环境不同，有些风景图片色调发青，室内图片的色调偏红。亮度不同，室内光线强对比度强，室外较弱，如果硬把室内外图片中的物体放到同一图中就容易被看出来了。观察人物的眼角、颈部、颧骨皮肤处，物品边缘处是否出现模糊，颜色过于均匀等效果。

（4）光源。可以说，很难存在两张图片在光源方向和光源强度方面完全相同，只要观察处理过后的照片是否在阴影方向和深浅大小方面有不同就可以了。

为使女性对于"艳照诈骗"的类型和行为方式有所了解，在此，通过分析近几年的艳照敲诈案，警官总结归纳了三种常见的"艳照诈骗"方式：一是索财型，即违法犯罪分子通过艳照敲诈的方式，索要当事人的钱财，使得女性陷于恐惧和害怕当中，从而在心理上产生了畏惧，向违法犯罪分子妥协。二是报复型，即违法犯罪分子凭借自己手上的艳照，对当事人实行威胁恐吓，以达到其报复对方的目的，女性因为之前或许得罪于违法犯罪分子，而不得不向违法犯罪分子妥协。三是设局型，这与前两种情形截然不同，违法犯罪分子使用此种手段，并不是因为自己的贪财或是与对方有深仇大恨，而是故意制造一个局面和圈套，使女性钻进来，以达到某种目的。

（三）警惕利用微信进行敲诈

微信是当下非常流行的手机聊天软件，因其操作简便，能广交好友，成为年轻人的"交友利器"，但不法分子也开始利用微信进行"约会诈骗"。

【警官举案】

2012年9月，南通崇川警方破获了一起使用微信招摇撞骗的案件，被害人可谓是人财两空。犯罪嫌疑人田某因涉嫌招摇撞骗罪已被警方刑拘。23岁的南通姑娘小蔡是时尚达人，没事儿就喜欢拿手机微信聊天。2012年5月份

的一天晚饭后，正在看电视的她手机微信提示音响了，一名陌生男子通过微信"摇一摇"、"查看附近的人"的方式搜索到她后，向小蔡发来一条简讯，请求加为好友。小蔡接受了对方的请求，随后二人便聊开了。

对方自称沈丹，是一名民警，在南通某派出所工作。他向小蔡大献殷勤，请求小蔡做他的女朋友，小蔡见该男子条件不错，经不住他的软磨硬泡，就答应了。此后，两人多次见面并发生了性关系。

2012 年 7 月底，沈丹发短信给小蔡，称自己在安徽出差，因匆忙出行，没有带差旅费，让小蔡汇 600 元钱给他，并保证事后归还。小蔡二话没说就把钱汇给了对方。后来，沈丹又威胁小蔡给其寄 1 万元，否则就派警察去找小蔡麻烦。小蔡出于恐惧的心理，就又给他汇了 1 万元。几次借钱之后，小蔡对男友的警察身份产生怀疑。经多方打听，男友所说的派出所中并没有叫沈丹的民警。意识到可能上当受骗，小蔡便赶紧向公安机关报案。公安机关接到报案后，迅速立案，展开调查。三天后便将自称沈丹的田某抓获。经查，该男子冒充警察进行招摇撞骗，涉嫌金额达到 5 万余元。①

【警官析案】

在该案件中，单身女性、南通姑娘小蔡，使用微信聊天工具，被冒充警察的田某欺骗，之后又被敲诈勒索。近期，因为使用微信工具交友聊天被骗的案件发生概率非常大。微信工具的"摇一摇"功能，将不同城市、不同信仰、不同追求的人联系到了一起。这样一种简单的交友方式，也给了骗子可乘之机，小蔡就是其中的受害者之一。

其实，交友聊天这个问题，早在几年前就已经有人提出，网上聊天存在潜在的威胁，这一点已经被人们认识得很清楚。现如今已经引起了人们的高度重视。交友聊天存在危险，不仅是在告诫我们要谨防敲诈勒索，要提高自

---

① 秦雷：《假警察招摇撞骗，多名女子人财两空》，南通广播电台，2012 年 9 月 7 日。

已的防范意识，而且更加反映出整个社会存在的信任危机。

微信的出现，更加满足了人们对于聊天的需求，改变了原有的交往方式和认识途径，这也让不法分子有了可乘之机。在这类通过微信、QQ等聊天工具实施违法犯罪行为的案件中，受害者多以年轻单身女性为主。违法犯罪分子往往会通过"打招呼"拿准对方心理等手段，使她们放松警惕。单身女性由于自身心理的特点，容易被违法犯罪分子所利用：她们容易对对方产生依赖、信赖的情感，待她们放松警惕时，违法犯罪分子便开始敲诈勒索。而大部分单身年轻女性，因为这方面牵涉到自己的隐私，所以如果发现自己被骗，也往往不会宣扬出去，更不会拨打电话求助，这给违法犯罪分子提供了更多的可乘之机。

相对于QQ而言，微信更容易使人上当受骗。微信可以"摇一摇"来寻找好友，也可以根据地理定位，而后找到"附近的人"，在"100米以内"、"1000米以内"等范围内，均可以找到并且筛选符合自己交友条件的聊天好友。微信大大增加了网上认识陌生人和见面的机会，并以很快的速度，实现由虚拟世界到现实世界的近距离转变。

然而，当前社会所面临的信任危机与存在的安全隐患，并不能保证每对"微信好友"见面后都能够成为现实中的好朋友。可以说，微信，只能微微一信，而不可全信。否则，难免"微信"会转变为"危信"。因此，微信用户为了自身安全考虑，不要透露给对方自己的个人信息。保护好自己的隐私，就是保护自己的个人安全。

微信自推出以来，到目前为止，已拥有了2亿多用户。然而近期发生的众多案件，无不在提醒微信用户谨慎使用，应始终把个人安全问题放在首位。同时，也在此提醒商家，要更加完善微信工具，给予用户适当安全警告和提醒，告知用户潜在的风险。

十几年前，当腾讯公司刚刚推出QQ软件时，也曾出现过类似状况：通过QQ软件进行违法犯罪活动，敲诈勒索行为增多。但随着人们安全防范意识的

提高和 QQ 软件自身的完善，相关犯罪已经减少了许多。对于微信这一新型交友工具，不仅需要自身的完善，也需要经历时间的考验。因此，只有提高安全防范意识、合理地使用微信，才能使自身的安全得到保障。

【警官支招】

在上述案例中，小蔡因为自己的安全防范意识不强，被冒充警察的田某所骗。对于微信等新型聊天交友工具，如何进行防范，提高女性的安全防范意识，有效地进行自救，显得尤为重要。现在，警官就以下几个方面对女性朋友进行提醒：

招数 1　提高安全防范意识。微信软件使用简单、操作方便，只需要一部能上网的手机，就可与许多陌生人相识，并渐渐"熟知"。女性也正是因为这种不需动脑操作的特点和好奇的心理，渐渐开始使用微信这种聊天工具。因此近年来，微信也成为许多违法犯罪分子的犯罪工具。由于微信尚不采用实名制，因此一旦注销后，便很难追查，女性一定要提高警惕，不要轻信"微信好友"，提高自己的安全防范意识。

招数 2　不要轻易向陌生人透露自己的真实信息。微信丰富了人们的生活，拉近了人们的距离，但是女性在使用微信时，应该时刻提高警惕，保护好个人信息和隐私。对于自己的个人基本信息，不要轻易向任何陌生人透露，更不能轻易将自己的个人身份证件交与对方或是由对方代为保管。个人信息安全对于女性而言，特别重要，一旦被违法分子所获，后果不堪设想。

招数 3　不要轻易同"微信好友"见面。如果要见面，选择在白天人群较多的地方。很多人就是用微信查附近的人，或用"摇一摇"摇到一个讲话投机的人，女性在心理上便会觉得这是缘分。然而实际上，这很可能招来违法犯罪分子。他们使用微信工具，寻找年轻女性为侵害对象，通过网上聊天方式，约网友见面，并随即开始实施敲诈勒索等违法犯罪活动。因为空间距

离近，所以很容易让人放松警惕。犯罪分子正是利用了这种心理进行敲诈勒索。科技进步产生了巨大的生产力，但同时也产生了多种新型娱乐方式，微信工具的"查看附近的人"以及"摇一摇"，其本身只是同陌生人认识的一种方式，其隐蔽性是非常强的，很容易在交流中暴露女性自己的弱点，给违法犯罪分子以可乘之机。因此，最好不要轻易同"微信好友"见面，以保障女性的自身安全。

（四）针对敲诈勒索，有哪些法律规定？

【警官说法】

1. 《中华人民共和国治安管理处罚法》关于敲诈勒索行为的相关规定，主要是在该法第四十九条："盗窃、诈骗、哄抢、抢夺、敲诈勒索或者故意损毁公私财物的，处五日以上十日以下拘留，可以并处五百元以下罚款；情节较重的，处十日以上十五日以下拘留，可以并处一千元以下罚款。"

2. 《中华人民共和国刑法》关于敲诈勒索行为的相关规定，主要是在该法第二百七十四条："敲诈勒索公私财物，数额较大或者多次敲诈勒索的，处三年以下有期徒刑、拘役或者管制，并处或者单处罚金；数额巨大或者有其他严重情节的，处三年以上十年以下有期徒刑，并处罚金；数额特别巨大或者有其他特别严重情节的，处十年以上有期徒刑，并处罚金。"

3. 《中华人民共和国治安管理处罚法》关于"艳照诈骗"的相关规定，主要是在该法第四十二条："有下列行为之一的，处五日以下拘留或者五百元以下罚款；情节较重的，处五日以上十日以下拘留，可以并处五百元以下罚款：……（五）多次发送淫秽、侮辱、恐吓或者其他信息，干扰他人正常生活的；（六）偷窥、偷拍、窃听、散布他人隐私的。"

十、女性如何防范被骗？

随着女性人口数量的日益增多，女性已经作为一个庞大的群体，融入社会生活的方方面面，当然，她们也早已成为众多骗子的欺骗对象。在科技日益发达的今天，骗子们一改从前惯用的欺骗伎俩，而借助众多最新科技手段，产生了诸多新类型的诈骗形式，如网络诈骗、电信诈骗、传销诈骗等，使得女性利益遭受损害。现代社会中，女性必须提高自己的防范意识，随时提高警惕，才能使自身利益得到更大程度的维护。

（一）如何防范网络诈骗？

（二）如何防范电信诈骗？

（三）如何防范非法传销？

（四）上当受骗，有什么法律可以惩罚骗子？

（一）如何防范网络诈骗？

目前而言，"网络钓鱼"是比较常见，也是比较隐蔽的网络诈骗形式之一。所谓"网络钓鱼"，就是指犯罪分子使用"盗号木马"、"网络监听"以及制造虚假网站或网页等手段，窃取用户的个人基本信息（如银行账户、密码信息和其他个人资料），从而以转账、"网购"、通知中奖等方式获取利益。自 20 世纪 90 年代在美国发生后，便渐渐兴起，并迅速扩展。这种网络欺诈行为也逐渐发展到中国，并且迅速形成气候。据中新网 2012 年 12 月 26 日电："网购经济正在遭遇钓鱼网站、木马等黑客侵害。中国领先的互联网安全公司奇虎 360（NYSE：QIHU）今日发布《2012 年网购安全报告》指出，2012 年国内新增购物类钓鱼网站近 40 万家，相比去年增长 155%；360 安全浏览器和安全卫士拦截购物类钓鱼网站更是高达 18.55 亿次。《报告》称，从购物类钓鱼网站内容分析，主要包括假冒淘宝、假药网站、网游交易、模仿 iPhone 等品牌官网、手机充值、假机票假火车票网站以及假冒网上银行等。其中假冒淘宝钓鱼网站数量最多，所占比重达到 58.1%。不法分子伪造商品页面诱骗消费者付款，已成为钓鱼网站最常见的骗钱手段。"①

该类问题的严重化程度，已经让公安机关觉察到解决问题的重要性。对于女性来说，天生的单纯、不设防的本性，往往成为众多骗子的侵害对象，特别是单身女性，父母一般不在身边，而没有男性的提醒和照顾，对这类问题很难防备，据统计，单身女性被"钓"的比例已经占到总数的 55%，可见，这类诈骗问题已经成为危害单身女性合法权益的重要方面。

---

① 中国新闻网：《〈2012 网购安全报告〉出炉 钓鱼网站暴增 40 万家》，2012 年 12 月 26 日，http://finance.chinanews.com/it/2012/12－26/4440830.

针对这类"网络钓鱼"问题，公安机关从诈骗者的违法犯罪动机出发，深刻分析"网络钓鱼"现象的成因。从表面来看，诈骗者本身貌似是对被骗者的个人基本信息、银行账户信息、密码信息有兴趣，但是实际上，这些信息并不是他们所真正想要的，他们所关注的，是这些信息背后的利益。可以说，这些信息背后都是一系列的经济利益，包括账户的余额、基本保险、亲戚朋友关系等。为了这些背后的利益，诈骗者冒着很大风险骗取个人信息，从基本信息入手，进行下一步的违法犯罪行为。正是"网络钓鱼"背后巨大的利益诱惑，吸引和促使诈骗者不择手段，铤而走险，将网站做得如此"动人"，引骗了众多女性，使其经济利益受到损失。他们成功一次，就能获得很高的利润，然而，被骗人就会很惨。成本低收益高，已成为"网络钓鱼"违法行为的重要特点之一，诈骗者只需在电脑前操作，便可得到大量信息资料，之后从而获取更多经济利益。因此，这类网站渐渐增多，并成了气候，越来越多的诈骗者加入这个行列，并越做越专业。可以说我们每天上网都会遇到这类网站，2012 年统计就有 40 万家之多。

从"网络钓鱼"对于我们的危害来看，它不仅使国家利益遭受重大损失，也扰乱了正常的市场秩序、商品交易秩序，而且使集体和个人利益损失巨大。"网络钓鱼"首先是给国家经济带来巨大冲击。据统计，美国因为网络钓鱼所造成的损失每年至少为 3.2 亿美元。尽管我国尚未进行统计，但由于网民数量众多、对网络监管与执法不严，这个损失从理论上估计也是巨大的。其次，也不利于社会诚信的树立。电子商务的发展离不开社会诚信的树立。对于电子商务而言，其本身便给人虚拟、不真实的感觉，与传统的购物模式有很大差距。传统的购物模式有着"直接交换"的特点，而不需要中间媒介。而电子商务需要网络作为中间媒介，便依赖社会诚信的树立，来保障交易正常进行。最后，影响正常的网络通信。大量钓鱼网站的存在，严重占用网络资源，导致部分通信受阻，信号不畅。在正规网站的运营过程中，会因为这些网站的存在而影响了其自身的运行，并且损害了它们在公众心目中的形象，同时

也干扰了公众正常使用正规网站，影响正常的网络通信。

【警官举案】

小李是北京某外资公司一普通职员，平时工作较为繁忙，周末也时常加班。由于事业心特别强，所以25岁的她一直尚未考虑个人问题，至今仍是单身。平时工作繁忙的她，也没有多少时间去西单、王府井等购物中心购物，周末更是待在家里休息。她更多选择的是网上购物。在北京，快递物流特别方便，这也使得越来越多的"宅男"、"宅女"们选择了网上购物这种新型购物方式，足不出门，快递送货上门。又到周末了，"天儿可真是越来越冷了，还是买件新羽绒服过冬吧"，小李便打开了电脑。无意中，她发现了一个名为"爱帮帮"的购物网站，这里的东西真的太便宜了。网站页面设计得非常不错，跟淘宝的网页蛮相似的，所以小李也并没有感觉这个网站有什么异样的地方。"爱帮帮"同淘宝一样，也是正在搞秒杀活动，当小李秒杀到一件打两折399元的JackJones羽绒服时，她立即点击了付款按钮。因为感觉不错，所以周末她在那里买了2000多块钱的东西。然而过了一周多，小李一件快递都没有收到，反而自己还多了许多广告、推销方面的骚扰电话。更不可思议的是，她的那个网上银行账户，余额成了0.00元。难道自己的2000多块钱都打水漂了？自己的个人信息也被泄密了？要不要报警？最终，小李选择了报警。公安机关迅速立案，并展开调查。这类案件近期高发，公安机关决定合并侦查，最终破获了以刘某为首的特大"钓鱼网站"诈骗案。

【警官析案】

小李遇到的这类诈骗问题，正是近年来日益猖獗的"网络钓鱼"诈骗。发生在小李身上的案件，只是众多"被钓"案件中的一个，40多万个钓鱼网站正在威胁着我们的网络生活，对于这些潜在的威胁，公安机关正在努力寻求解决办法。小李的2000多块钱只是用在钓鱼网站的购物上，然而事实上，她的损失会不止这 2000 多块钱：她的银行账户余额已经是 0.00 元！最重要的是小李自己的个人信息被泄露了，因此有更多的合法权益受到不法分子的侵害。小李必须通过一定手段，挽回自己的经济损失。

针对越来越多的女性受到该类问题的侵害，在此提醒大家提高安全防范意识，警惕多种形式的"网络钓鱼"，使自己的切身利益免受侵害。究竟网络钓鱼有哪些常见形式呢？女性如何提高警惕防备"网络钓鱼"呢？

"网络钓鱼"主要有两种形式：一是以电子邮件形式，发送虚假信息，引诱用户上当受骗。诈骗人以电子邮件的形式发送大量诈骗邮件，邮件的内容大多以对账、中大奖等，让用户在诈骗邮件中填入自己的个人信息（银行账号、信用卡、密码等），或者以某些紧急的理由（如家人病危、朋友重病等），骗取女性的同情心，继而要求收件人在诈骗邮件上填入自己的个人信息，从而窃取被诈骗人财产，获取更多财产利益。研究显示，诈骗者通过发送电子邮件来窃取个人基本信息时，约有 5% 的人会对邮件作出一定的反应，从而导致个人基本信息被诈骗者所窃取。随后犯罪分子就会利用这些个人基本信息，进行违法犯罪活动，窃取他人的经济利益。二是建立"钓鱼网站"，通过假冒的网上购物网站、网上银行网站，骗取个人信息，用窃取来的个人账号和密码等信息，通过银行将财产转出。违法犯罪分子建立钓鱼网站，就同前面所介绍的一样，同真正的正规网站极为相似，很容易引起人们的误解，并将自己的个人信息泄露给诈骗者，诈骗者继而通过网上银行，将资金转出，盗窃卡上的资金。还有的是通过正规网站存在的程序上的问题，在其中某些网页中，插入针对性的恶意代码，屏蔽客户的真实个人信息，并利用这些信息进而将资金转出，盗窃卡上的资金。

【警官支招】

女性要提高自己的安全防范意识，警惕网络钓鱼对自己日常生活的影响，保护自己的合法权益。在这里，警官提示以下几点：

（1）在上网时，不要留下能够证明自己身份的信息资料，包括身份证号、手机号、银行卡号、密码等。这些自己的个人信息，对自己的个人人身、财产安全都是非常重要的，一旦被诈骗者弄到手，后果会很严重。违法犯罪分子会通过上述提到的种种方式，不择手段窃取利益。

（2）不要把与自己相关的信息资料通过网络途径传输，包括身份证号、手机号、银行卡号、密码等资料，不要通过电子邮件等网络方式传输，这些网络途径往往会被黑客利用，通过这些信息进行下一步的诈骗。当收到陌生人发来的电子邮件时，不要打开其中的链接。其中的诈骗链接占很大一部分。

（3）不要相信网上的流言，除非证明是官方数据。例如，在网上论坛、QQ 群等聚集处，经常会有人发布谣言，进而找准时机窃取个人信息资料，进行下一步的诈骗。在网上论坛、QQ 群里，许多都是自己不熟悉的人，对于这些人所发的消息和评论一定不要轻易相信。因为轻信网上论坛、QQ 群里消息而被骗的人，不在少数，女性的不设防心理，往往为诈骗者所利用。

（4）在网站注册用户时，尽量不要填写自己的真实资料。例如，家庭住址、电话号码、银行账户、自己经常去的饭店、超市等。诈骗者往往会利用这些资料，欺骗与你相关的亲戚朋友。自己的个人信息对于诈骗者来说，具有种种利用价值。或许自己还没有意识到透露了个人信息，对方就已经对你实施了诈骗，而自己没有丝毫察觉。因此要格外注意保护个人信息，谨防上当受骗。

（5）不要轻易相信电子邮件、手机短信等的中奖信息，除非得到官方的证明。正规的公司企业，一般不会只是通过简简单单的电子邮件、手机短信发送给用户中奖消息，然而骗子们却非常喜欢这样的方式，以低成本来进行诈骗活动。在我们的日常生活中，电子邮件、手机短信经常会有种种垃圾信息，中奖一类的信息有时候很逼真，并且在网上也能查到相应的兑奖号码。当遇到这种情况，还是需要通过官方消息才能真正判断信息的来源。钓鱼网站真的不在少数，因此一定要擦亮自己的慧眼，明辨真假，保护自己的合法权益。

（二）如何防范电信诈骗？

通过电话诈骗的方式，可以归类于"电信诈骗"。电话诈骗通常有以下几种表现形式：

一是诈骗者冒充银行工作人员、电信工作人员、公安机关人员，以电话欠费为借口，实施诈骗。以受害人家中欠巨额话费、身份证被他人冒用、银行账户有漏洞等为幌子实施诈骗。使用"任意显号"软件，掩盖真实号码，在来电显示中便会虚假显示"110"或当地公安机关电话等特殊号码，让受害人将家中银行卡上的钱转账，以谎称进行系统保护的方法进行诈骗。凡是当事人遇到对方要求开立账户、转移资金进行所谓的"资金保护"或"账户升级"等都应保持警惕，对于这种方式进行的诈骗，现实中不在少数。

二是虚构家属出事诈骗。违法犯罪分子通过各种渠道获取受害人及其家属的电话号码后，冒充老师、医生等以受害人的家属急病、出车祸需抢救为由实施诈骗。这种方式非常具有迷惑性，尤其是当事人的电话一直打不通时，被骗者便会信以为真，特别是女性自身的生理和心理上的特点，使得这种方式让犯罪分子极易得逞。

三是信用卡消费诈骗。违法犯罪分子通过短信方式，告知被骗者于什么时间在哪里成功刷卡消费了多少钱，或者已经从其信用卡内扣取年费多少钱，让被骗者与某人联系，之后借口其身份证信息已被泄露，并将电话转到所谓的公安局。然后"公安局"以审查资金或者升级密码为由，让被骗人将钱转移至违法犯罪分子的账户内。

四是发布招生、招工的信息诈骗。违法犯罪分子通过手机短信、电子邮件等形式发布招生、招工、婚介、买卖等虚假市场信息，以交纳保证金、培训费、手续费、面试费、报名费等各种费用诈骗。这种形式的诈骗主要是针对无业人员、有迫切要求的单身女性等人，并且这类人上当受骗的概率比较高。

五是发布低价商品的信息诈骗。通过手机短信、电子邮件等形式发布进口药品、电子产品等高价商品，特别是高价奢侈品优惠促销的虚假信息，以支付会员费、押金、贷款等各种费用为名进行诈骗。高价商品在利润方面存在一定的空间，尤其是许多物品对女性非常具有吸引力，因此诈骗者也利用女性的这些特点，引诱她们，以此来进行诈骗。

六是以"汽车退税"为由，进行诈骗。违法犯罪分子冒充国家税务机关工作人员，通过手机短信或是拨打某些车主手机号码，能够准确说出被骗者本人的某些个人信息或车辆信息，很容易让被骗者信以为真，并称其购买的小排量汽车可享国家退税政策，但前提是要向指定账户存入一笔费用，以此实施诈骗。这类诈骗具有一定的技术含量，需要提前知道被骗者的某些信息。个人信息真的很重要，就如上面小李的案例，自己的个人真实信息不要在网站上透露。

【警官举案】

小程是武汉某律师事务所一名会计，在武汉读完大学后，并没有回家乡谋职，而是留在武汉工作。她平时工作比较繁忙，空闲时间较少，不能常回家探望父母。由于父母年龄大，身体也不是很好，因此她常常给家里打电话。一天，小程正在处理某件棘手的工作，一个电话忽然打来，显示号码归属地是老家的，所以她快速接了起来，心想肯定是家里打来的。电话那头传来一阵急促的陌生男子的声音，"快快！你家煤气泄漏了！你爸妈现在已被送到医院！我是××县医院的医生，你们家里现在没钱不能办住院手续！快把钱打到这个账户上，6222……"小程这时真的不知该怎么办了，这可是老家那边打来的电话，父母是我最爱的人，我从小父母就对我宠爱有加，怎么家里就突然发生了意外呢？她马上给家里打电话，一直无人接听……那个电话又打过来了，"怎么还不汇钱过来，你爸妈现在就在医院，没钱没法办住院手续！你这闺女怎么当的！"小程真的很着急，离家这么远，也不能立马回老家，还是先把钱汇过去，现在就去领导那里请假回家一趟！她迅速通过网上银行向那个账户汇去2万元。当她处理完毕正要去收拾回家的行李时，家里的电话打来了。当她接起电话时，便听到："刚才打电话了？我跟你爸刚才赶集去了，快过年了，什么时候放假回来？"小程顿时明白自己被骗了，彻底地被骗了。于是，小程拨打了110电话报警。公安机关接到报案后，迅速立案开展调查。经过技术侦查，公安机关大致锁定了犯罪嫌疑人麦某的藏身之处，并将其抓获。

【警官析案】

小程身上发生的这起诈骗案件，在现实生活中，并不少见。骗子通过种种渠道收集个人及其亲属、朋友的联系方式，之后便冒充医生以父母、孩子等亲人需要急救为由诈骗。由于对亲人至爱的情感，往往使人在听到亲人有危险时，很容易不冷静而轻信上当。对女性来说更是如此。

【警官支招】

小程遇到的诈骗问题，属于电信诈骗的一种。这类违法犯罪充分利用了人们的弱点，骗取钱财。上文已经分析到这六类常见的电信诈骗行为，对于这些常见的电信诈骗违法犯罪行为，女性应该如何进行防范？对此，警官给予以下几方面的提示：

（1）经常通过报纸和其他媒体新闻了解社会动态，了解违法犯罪分子的惯用诈骗伎俩。大多数诈骗案件的共同特点就是受害人和作案人不见面，违法犯罪分子通过电话、网络和银行转账的方式实施远程诈骗。如果接到该类信息，有疑问应及时向相关部门咨询，切莫在电话或网络上轻信作案人的花言巧语。

（2）与银行卡有关的转账，立即停用。不管电信诈骗者设置何种陷阱，编造任何理由，都会诱骗受害人使用银行卡进行转账。电信诈骗本质即为银行卡诈骗犯罪。无论是何种理由，当对方要求你提供银行卡号、密码或者在ATM机上进行转账时，应当立即停止操作。

（3）摆脱头脑中贪念思想的束缚，不要相信天上会掉馅饼。要明确中奖、退税等天大的好事不可能无缘无故地降临。但凡是中奖、退税、低价购买走私物品等不劳而获的事情，就得多想想，是不是陷阱。对于陌生人用电子邮件、手机短信发送的相关信息，应该一概不予理睬，他们大部分都是骗子。

（4）如果你不能肯定对方是否是骗子，一定要将情况告诉家人或朋友，通过商议或者咨询当地公安机关，从而使骗子的行径无法得逞。特别是单身女性平时要多跟朋友交流，获取朋友的帮助，无论是对自己防范水平的提升，还是对自己的安全，都会有一定的帮助。

（5）现在的骗子已大量使用"任意改号软件"，当你接到电话，显示的号码就是当地的座机号码，骗子会叫你拨打当地114号码查询电话真假，通过114号码查询确为当地公安机关或者银行的办公电话。这种作案手段欺骗性很强，极易上当受骗。女性如遇有类似情况和疑问，应当及时与当地公安机关联系，警官会为你提供及时有效的咨询服务。

（三）如何防范非法传销？

1. 传销行为的基本特点

一是传销行为具有明显而强烈的欺骗性。传销人员往往以"合伙做生意"、"外出旅游"、"找工作"、"网友会面"等为借口，将自己的亲戚朋友、同学同事诱骗至传销窝点，向他们灌输一套貌似经得起推敲的奖金分配制度，依据自己的歪理邪说，鼓吹迅速暴富，鼓动人员参加传销组织，并借用媒体宣传造势，误导群众。

二是传销行为采取胁迫，甚至是暴力方式来限制人身自由，强行进行传销。在控制被骗传销人员的手段方式上，已经从过去的"精神控制"与扣留身份证件、随身携带物品，渐渐发展为培养打手、雇佣黑恶势力进行暴力控制，以及通过种种方法进行人身控制。

三是传销行为更为隐蔽，异地传销悄悄兴起。为了躲避公安机关的严厉打击，传销组织逐渐由以前的公开活动向秘密活动发展。传销活动的组织者把"改造"地点选在流动人口密集区、闲置厂房、偏僻居民居住区等，并且还在房屋外部采取掩饰手段，尽量减少被发现的概率。为了避免传销行为暴露，传销组织开始渐渐不发展当地人员，而是采取异地传销的方式，发展传销人员。新发展者到达后，随身携带物品会被收缴，再加上人生地不熟，较容易被传销组织采取暴力手段胁迫入会。

2. 为何非法传销活动愈演愈烈？

首先，逐利心理是大量人员加入传销活动的主要因素。当前我国正处于社会转型时期，城乡居民收入差距较大，市场经济体制尚不完善，不同社会阶层或群体间贫富差距悬殊，就业岗位非常有限，并且多是条件较差的工作岗位，待遇普遍偏低。受国民教育及教育条件限制，大量的下岗职工、提前离岗退休人员、复员转业军人，在文化素质、职业技能等方面仍处于弱势，谋求一份稳定的工作对他们来说，真的是一种奢求。他们在无形当中，为传销行为的发展提供了一个巨大的市场。传销组织者正是利用了大量社会成员的心理，抛出来所谓"低投入、高回报、零风险、收效快"的虚假宣传，来诱惑那些不甘于贫穷却找不到满意工作的人，把传销活动作为改变命运的新希望。当他们加入后，便想尽快赚回本钱，并追求更多经济利益。更多经济利益的驱动又使其竭尽所能地发展下线，并渐渐形成一个日益扩大并以亲朋好友为纽带的相对熟悉的群体。一旦到了此种情形，即使他们个人想退出，也要考虑其下线人员因赚不到钱而被问责的风险。

其次，传销活动充分利用人性的弱点，设计的规则和运作手段极具吸引力。设计的规则表面上看起来很合理，以制造平等致富假象。传销组织是依托各层人际关系，逐渐建立起来的多层次网络体系。尽管形式多种多样，但其实质内容大体相同。参加人员按加入传销组织的先后顺序及发展下线人员多少分为不同级别，入会者只有向下大量发展人员，才能按照级别分别提取报酬。传销组织者规定了严格的晋升制度，还编造出了一整套理论体系，并宣称自己采取的是现代化国际营销方式，再将新发展的成员引骗到家乡外的传销地点，限制其在信息极不对称的封闭环境后，通过煽情授课、课后沟通、经验介绍、答疑解惑，连续地进行煽动蛊惑，进行所谓的磨砺教育、心态教育和创业教育，将新成员的价值观扭曲，使其丧失正确的判断力，把传销活动作为获取利益的最佳途径，从而"自愿"地交钱加入。传销组织还宣讲他们不是传销，公安机关、工商管理部门没有依据处罚，消除他们的恐惧心理；宣讲国家提倡的事业，因为参加人数众多，赚钱的机会少而不要做，要想赚大钱，就要抓住机会，做国家限制做的事情。传销理论的迷惑性与急于逐利的心理紧密结合，并最终将被骗者改造为听之任之的传销人员。

最后，直销、传销并存，合法、非法营销混杂，给打击传销带来相当大的难度。当前，国家批准的十家直销转型企业与大量的传销组织并存，由于相关法规制度不健全，导致监督管理不到位，某些知名直销企业存在大量违法违规经营行为，在群众中的影响较大，广大群众甚至一些执法人员对于合法直销和非法传销的具体界定，普遍存在质疑，并无准确的认知。因此在执法方面，造成了尺度不同、标准不一的现状。更多的是，传销组织利用群众的疑惑，故意断章取义地援引某些法规文件内容，并以"连锁经营"、"人际网络"等词汇迷惑群众，致使群众无法辨别传销行为的本质，没有认识到传销活动的表现形式和危害认识，很容易被骗至传销组织从事传销。执法部门

大力打击，但对传销活动的大量涌现，只能是心有余而力不足，目前尚难形成全社会综合治理、齐抓共管的局面。

【警官举案】

小马是上海某房地产公司一普通白领，27岁，平时工作较为轻松，有较多的空余时间，因为工作扎实、业绩突出，最近刚刚升了职，加了薪。她对自己的工作还算满意，有房有车，不过美中不足的是她至今还是单身。她人缘挺不错的，朋友也蛮多，知心闺密在上海的也有几个，但她知道自己当下还有一个重要的任务，那就是相亲。一天，小马的闺密小雪到家中玩儿，偶尔提起了相亲的事情，小雪谈到她有个非常不错的同事，并且老家也是跟小马一个地方的，小马感觉这人条件还不错，所以还拜托小雪抽空介绍一下。一周后，小雪打电话来，对小马说对方也想了解认识一下，小马便欣然同意了。周末了，小雪便带着小马去"相亲"。地点是在一个比较偏僻的地方，离对方比较近，小马刚开始也抱怨了几句，不过想到过会儿就能见到自己心目中的对方，也就答应了。走了好几个小时的路程，一直没到那个"相亲地点"，小马真的累坏了，平时整天在办公室工作，好久都没走过这么长时间的路了。小雪只顾自己走，小马就跟在后面。到了一个宾馆门口，小雪看了一下周围，见附近人少，便带着小马在宾馆前台的沙发上坐了下来。小马觉得小雪的行为有点儿鬼鬼祟祟，时不时问小雪有什么事情隐瞒了自己。不过小雪一声不吭，直到她突然向走过来的一男一女大声打招呼，小马才感觉情况不对，想走，但已经晚了。她被弄进了一个传销组织，里面的生活可以说是凄惨，年轻人居多，都被看管得严严实实的。不过，幸运的是，两天后，公安机关、工商部门接到群众举报，查获了这个非法传销组织。小马很快就得到了解救。

【警官析案】

在这个案件中，小马作为一名单身女性，被自己的闺密小雪所欺骗，进入了传销组织。小雪已经是传销组织中的一员，以"相亲"名义欺骗自己的闺中好友，加入传销。这说明她已经深受其害，被"洗脑"，从而做出欺骗朋友的事情，非法传销真的害人害己。小马由于缺乏一定的自我安全保护意识，且身边又没有家人，因此被自己的好友欺骗。幸亏公安机关、工商部门的及时解救，否则小马的后果不堪设想。针对非法传销活动的日益猖獗，女性需要特别注意其基本特点，避免误入其中。

【警官支招】

传销问题已经渐渐成为当下中国社会的一个热点问题，其危害后果及严重程度，已经在人们心里埋下阴影。对于女性而言，这类问题发生的概率更大，需要引起她们的高度警觉。对于这类问题，结合上述案例，警官从以下几个方面进行遭遇传销时的自救以及解救亲朋好友方面的提示：

(1) 当小马知道小雪加入传销组织时，要冷静，莫冲动，也不要一味地指责对方，更不能粗暴地训斥。要学会理解，不是对方的错，而是她的上级在发出指令。小雪渴望改变、追求财富的欲望没有错，错在她自己选错了道路，被别人欺骗了。因此，小马要做的是把她引导到正确的轨道上来。要改变自己说话的方式方法，如果自己没有把握说服对方的话，不要说太多。自己说得越多，她反而越反感，要学会和解，但是和解并不等于认同，更不能以断绝关系相要挟。这么做只会让她的错误信念越来越坚定，因为她已经没有退路了。所以，小马要"晓之以理，动之以情"。用感情去感化，要多关心她，说出自己的担心，提醒她不要只顾埋头拉车，而不抬头看路，要多长几个心眼；要摆事实，讲道理，让她知道传销活动的真相。

(2) 要马上破坏她的活动范围，阻止亲朋好友的加入。许多朋友在刚得知亲朋好友在做传销时，往往会顾虑重重。为了保住面子，她们往往不愿说出去，这是非常错误的。自己的沉默，只能让越来越多的人上当受骗。她还可以去骗其他不知情的亲朋好友，这样的话只会让小雪越陷越深。要马上通知所有的亲朋好友不要去，也不要给她寄钱，破坏她的活动范围。这会非常有成效，就正如传销组织在邀约时所强调的"断其后路"，传销组织一般每人每天都要交 8 元左右的生活费，还要交电话费、买生活用品等，他们一天的开支在 15 元上下，甚至更多。如果她把钱花光，又骗不到别人，她也只有偷偷地离开了。

（3）做到以上两个方面以后，如果想及时把进入传销组织的亲朋好友解救出来，还可以亲自去一趟，当然，其家人出面的话会更好。陷入传销的人，已经执迷不悟，是不会心甘情愿地回来的，同她的父母一起去劝说小雪，并且还可以强制带小雪回来。在行动之前，要先取得她的信任，不要引起她的怀疑，就说去看她，就说一个人去。如果你说去的人多了，会引起传销组织的怀疑，有可能在你们到达目的地后，传销组织不会让她来接你们。在去之前，不要告诉对方具体到站的时间，只是说近期要去，从而争取更多时间。下车后，应马上联系就近的火车站派出所，以寻求帮助。

（4）联系好之后，可以给她打电话，告知其自己已到火车站的消息，叫她来接你。当然为了保证解救成功，可先买好返程的火车票，在火车开动前两三个小时给她打电话接人，以备在说服不了的情况下，把她强制性带上车。在强制带走的过程中，或许痴迷于传销的亲朋好友会极力反抗，因为她会认为你是她"成功"路上的绊脚石，是在坏她的好事，是在阻碍她的财路。一般来说，传销分子是几个人一起来接人时，还好对付，这样就可以马上把他们带到派出所或工商部门，让公安机关和工商人员进行处理。

在解救的过程中，可能不会一帆风顺，也许会遇到某些突发情况。当遇到突发情况时，要冷静，要想方设法寻求更多帮助，公安机关、工商部门是提供帮助的重要力量。在紧急关头，特别是在遭到传销人员"围追堵截"时，一定要把事情闹大，高声向路人求助，主动寻求一切可以利用的力量。要知道，邪始终不压正，正义始终在自己这边。

（四）上当受骗，有什么法律可以惩罚骗子?

【警官说法】

1.《中华人民共和国治安管理处罚法》关于诈骗行为的相关规定，主要是在该法第四十九条："盗窃、诈骗、哄抢、抢夺、敲诈勒索或者故意损毁公私财物的，处五日以上十日以下拘留，可以并处五百元以下罚款；情节较重的，处十日以上十五日以下拘留，可以并处一千元以下罚款。"

2.《中华人民共和国刑法》关于诈骗行为的相关规定，主要是在该法第二百六十六条："诈骗公私财物，数额较大的，处三年以下有期徒刑、拘役或者管制，并处或者单处罚金；数额巨大或者有其他严重情节的，处三年以上十年以下有期徒刑，并处罚金；数额特别巨大或者有其他特别严重情节的，处十年以上有期徒刑或者无期徒刑，并处罚金或者没收财产。本法另有规定的，依照规定。"

3.《中华人民共和国刑法》关于非法传销行为的相关规定，主要是在该法第二百二十四条之一："组织、领导以推销商品、提供服务等经营活动为名，要求参加者以缴纳费用或者购买商品、服务等方式获得加入资格，并按照一定顺序组成层级，直接或者间接以发展人员的数量作为计酬或者返利依据，引诱、胁迫参加者继续发展他人参加，骗取财物，扰乱经济社会秩序的传销活动的，处五年以下有期徒刑或者拘役，并处罚金；情节严重的，处五年以上有期徒刑，并处罚金。"